长大后想要再学一次的课程

图解相对论

〔日〕深泽伊吹 著

〔日〕松原隆彦 监修

朱悦玮 译

让枯燥变得更有趣！

辽宁科学技术出版社

·沈阳·

前言

可能很多人都觉得相对论是一个非常晦涩难懂的理论，因为提出这一理论的是被称为天才的伟大科学家爱因斯坦。

因为相对论颠覆了人类一直以来对时间和空间概念的认知，如果被常识所束缚肯定会感到难以理解。但实际上相对论的基本思考方法是非常简单的。只不过要想理解相对论，必须暂时舍弃直觉上认为理所当然的常识。只要能做到这一点，每个人都能理解相对论的基本理论。

本书采用中学就学过的非常简单的数学知识，再配以通俗易懂的插图，对相对论进行解说。首先从一直以来人类对时间和空间的理解开始进行说明，然后依次说明为什么需要相对论。相对论分为狭义相对论和广义相对论。狭义相对论只需要简单的数学知识就能够在一定程度上理解具体的计算内容，从而走进时间和空间随立场的变化而变化的神奇世界。而广义相对论则是狭义相对论的进化，使我们可以通过时间和空间的性质对引力这个最本质的力量进行说明。

全世界无数次的实验结果已经证明了狭义相对论的准确性，事实上，我们生活中许多便利的技术都与狭义相对论有着很深的联系。而广义相对论则是为了理解宇宙之中发生的现象而不可或缺的理论。爱因斯坦通过广义相对论预言了黑洞和引力波等现象，而人类也确实在实际的宇宙空间中观测到了这些现象，由此证明了广义相对论也是正确的。

了解相对论，可以使我们对世界的看法产生巨大的改变。对于渴望挣脱常识的束缚，获得全新视角的人来说，本书或许能够为您提供一些灵感。此外，对所有人来说，阅读本书也是对大脑非常有益的一次锻炼。希望本书能够让更多的人了解到相对论的神奇之处。

松原隆彦

日文版工作人员

装订·正文设计　清水真理子（TYPEFACE）
插图　儿岛衣里
校对　上浪春海
编辑协力　株式会社 EDIPOCH
策划编辑　松浦美帆（朝日新闻出版）

目录

第1章 ## 了解相对论之前的物理学

第2章 欢迎来到狭义相对论的世界

第3章

欢迎来到广义相对论的世界

第4章　相对论与我们的生活

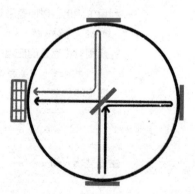

本书的顺序

牛顿力学与电磁学这两大理论
无法解释的现象 ☞第20～33页

我提出了关于物体的运动和在其
中发挥作用的力量的学问。

牛顿

我对电力和磁力相关的学问进行
了总结。

麦克斯韦

光难道不是波吗？

麦克斯韦

大海的波依靠水来传播。如果光
也是波的话，要依靠什么来传播
呢？

牛顿

曾经有人提出光依靠以太来传播，但这个
理论现在已经被否定了 ☞第32～35页

现在人们发现光在
真空中也能传播。

3

爱因斯坦发现以太并不存在：时间和空间没有绝对的基准，于是他感觉需要提出新的理论 ☞第36～41页

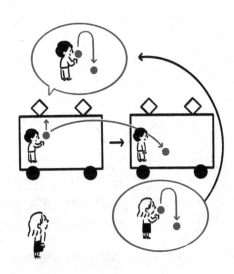

4

爱因斯坦根据真空中的光速对任何观察者来说都是相同的这一实验结果提出了光速不变原理 ☞第42页

5

时间和空间是相对的，会随着立场的变化而变化 ☞第42页

爱因斯坦

相对论诞生

在惯性参考系中成立的理论。

狭义相对论是关于
时间与空间
的理论

为什么在日常生活中感觉不到狭义相对论？

☞第54页

坐在火箭里的人体重会增加吗？

☞第68页

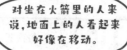

对坐在火箭里的人来说，地面上的人看起来好像在移动。

☞第52页

移动的物体时间变慢

☞第50页

移动的物体长度缩短

☞第56页

移动的物体质量增加

☞第68页

对应引力和加速度的理论。

广义相对论诞生于认为

引力与惯性力

相同的等效原理实验

为什么在地面上看光是直线前进的？

☞第90页

13

相对论

与这些
内容相关

日常生活

最先进的
物理学

我们的生活

光速
加速器

GPS卫星

☞第104、106页

预测了其存在

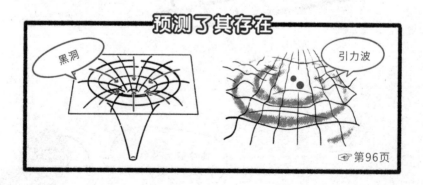

黑洞

引力波

☞第96页

第4章

时间旅行

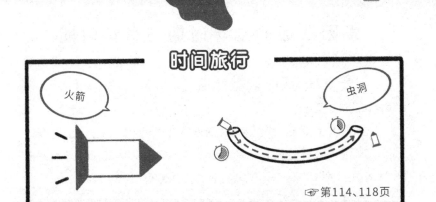

火箭

虫洞

☞第114、118页

宇宙论

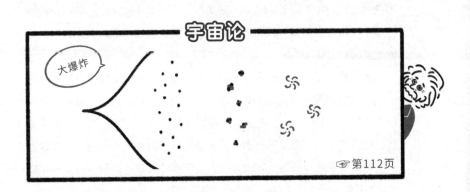

大爆炸

☞第112页

理论统一

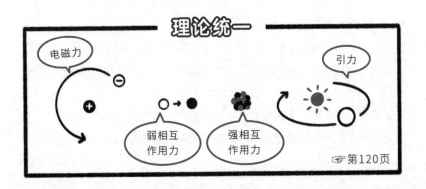

电磁力

引力

弱相互作用力

强相互作用力

☞第120页

爱因斯坦的幼年时期与青年时期

阿尔伯特·爱因斯坦（Albert Einstein）1879 年 3 月 14 日出生于德国南部的乌尔姆市。

幼年时期的爱因斯坦似乎并没有展现出过人的智慧和天赋，甚至还是一个反应稍微有些迟钝、偶尔情绪失控的问题少年。但他从小就对自然科学充满了好奇心，关于这点还有许多小故事。

据说爱因斯坦四五岁的时候，父亲送给他一个指南针。年幼的爱因斯坦被这个不论何时都指向同一个方向的神奇物品迷住了，一直观察了好几个小时。而在 12 岁的时候，他又迷上了一本名叫《欧几里得几何学》的书，并且自学了微分和积分的知识。一旦产生兴趣就会沉迷其中，这就是爱因斯坦最大的特点。

爱因斯坦在中学的时候虽然数学和物理的分数很高，但并不擅长拉丁语和历史等需要死记硬背的科目。他在 16 岁时去参加了瑞士苏黎世理工学院（ETH）的入学考试，结果以失败告终。因为他语文和生物等科目的成绩实在太差。不过由于他物理和数学的成绩十分出色，苏黎世理工学院以第二年录取为条件，邀请爱因斯坦在瑞士的阿劳州立中学就读。在阿劳州立中学读书时，爱因斯坦开始思考"当一个人以光速运动时，在镜子里看的自己会是什么样子"，对经典理论的内在矛盾产生困惑，这也成为他后来提出相对论的契机。

在苏黎世理工学院学习时，他也只学那些自己感兴趣的内容，文科成绩一塌糊涂，还在化学课上引发过爆炸。可能是因为这些缘故吧，教授们对他的评价都很差。爱因斯坦本来想在大学毕业后成为一名科研人员，但没能如愿。大学毕业 2 年后，他进入瑞士伯尔尼专利局工作。工作后的爱因斯坦与自己大学时期的恋人米列娃结婚，过上了一段幸福而又充实的生活。

第 1 章

了解相对论之前的物理学

时间与空间会随着
立场的改变而改变
~俯瞰相对论~

绝对论

相对论

相对论是出生于德国的物理学家阿尔伯特·爱因斯坦 (1879—1955)提出的理论。相对论主要由狭义相对论和广义相对论组成，分别发表于1905年和1916年。

如果用一句话来概括相对论，那就是"时间和空间都不是绝对的，而是会随着立场的改变而改变"。比如同一个物体，在A看来有1m长，但在B看来有2m长，这种随立场的改变而改变就是相对。

这种情况可能与我们的直觉刚好相反。因为同一个物体，不管谁看长度都应该是相同的。

但实际上，只有在进行观测的人和物处于接近光速运动的情况下，才能够明显感觉到相对论效果。光速约为30万km/s，这个距离相当于绕地球7圈半。而目前速度最快的交通工具是喷气式飞机，速度大约能够达到0.3km/s，与光速完全无法相比。因此，我们平时完全感觉不到时间和空间是相对的。

学生　狭义相对论感觉好难理解啊！

老师　"狭义相对论"指的是只在不考虑引力影响的特殊情况下才成立的相对论。关于狭义相对论的内容，只需要中学程度的数学知识就完全可以理解。

学生　既然人和物只有在接近光速运动的情况下才能感觉到，那相对论究竟有什么用呢？

老师　组成宇宙万物的微小粒子都是以接近光速的速度运动的。关于相对论的具体应用将在第四章中进行详细的介绍。

牛顿力学与电磁学
~相对论诞生之前的物理学两大理论~

物理界的两大体系

牛顿

麦克斯韦

物体掉落

电荷的引力与斥力

物体碰撞

电力

弹簧等产生的运动

磁力

在爱因斯坦提出相对论之前，物理学的理论体系主要由牛顿力学与电磁学两大理论组成。

牛顿力学是由英国物理学家艾萨克·牛顿（1642—1727）提出的以运动定律为基础的理论。牛顿力学解释了物体的掉落与碰撞等许许多多的力学现象。此外，牛顿还是一名伟大的数学家，他提出了用来对力学进行计算的微分和积分，并将其应用于物理学之中。

电磁学理论是由英国科学家詹姆斯·克拉克·麦克斯韦（1831—1879）在1860年左右总结归纳而成的。他将之前人们认为相互独立的电力、磁力以及光等现象联系到了一起。

近代以后的物理学主要以牛顿力学与电磁学为基础。但后世的科学家们发现，与光相关的现象在很多情况下用牛顿力学完全无法解释。因此，爱因斯坦为了对光以及以接近光速运动的物体进行解释而提出了相对论。

 学生｜牛顿和当时的科学家们都没有发现牛顿力学之中存在的问题吗？

 老师｜在我们日常生活的环境之中，牛顿力学可以对一切运动现象进行正确的解释。因此，当时的物理学家们都认为牛顿力学是非常完整的理论。

 学生｜那么牛顿力学是错误的吗？

 老师｜准确地说是，牛顿力学无法正确解释接近光速运动的物体。

匀速直线运动持续时的惯性定律

~牛顿第一运动定律~

惯性定律

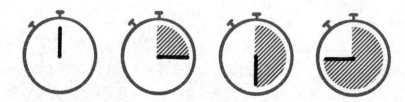

静止的物体保持静止

移动的物体以同样的速度保持直线运动

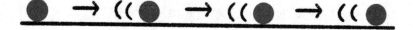

当受到外力影响时运动发生改变

如果用一句话对牛顿力学进行说明，那就是"牛顿力学是将物体的运动与作用力之间的关系体系化的学问"。运动指的是物体随时间的变化位置发生改变。比如苹果从树上掉落，汽车在马路上行驶等，都是运动。

牛顿关于运动提出了3个定律。分别是本节中介绍的"惯性定律(牛顿第一运动定律)"以及后文中即将介绍的"运动方程式(牛顿第二运动定律)""作用力与反作用力(牛顿第三运动定律)"。

惯性定律的完整表述是，任何物体都要保持匀速直线运动或静止状态，直到外力迫使它改变运动状态为止。匀速直线运动指的是以同样的速度保持直线运动。这个定律是牛顿根据伽利略·伽利雷(1564—1642)和勒内·笛卡尔(1596—1650)提出的相似理论整理而成的。

以台球为例，在不考虑摩擦和空气阻力等力作用的情况下，静止的台球将永远静止，而运动的台球将永远保持匀速直线运动。反之，如果静止的台球开始运动，而运动的台球静止或改变前进方向，那就一定是受到了外力的作用。

学生 "惯性"这个词我听说过，但具体是怎么一回事呢？

老师 惯性就是物体保持某种状态。运动的物体保持运动,静止的物体保持静止。

学生 但台球被打散之后就会逐渐停止，这是为什么呢？

老师 现实中的台球会与球台之间产生摩擦，还会受到空气阻力的影响，所以速度会逐渐降低。因此，在我们的日常生活中是不存在匀速直线运动的。物理学为了表现一种理想的状态，所以才不考虑摩擦和空气阻力等力的作用。

23

通过运动方程式
解析物体的运动状态
~牛顿第二运动定律~

运动方程式

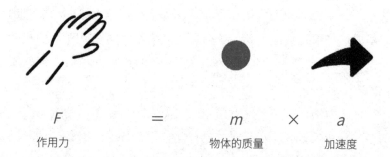

F = m × a

作用力　　　　　　物体的质量　　　加速度

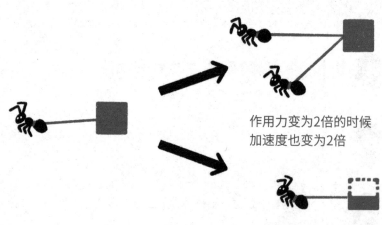

作用力变为2倍的时候
加速度也变为2倍

质量变为1/2的时候
加速度变为2倍

牛顿第二运动定律的运动方程式，是表示物体的运动与作用力之间关系的公式。其中，F 是作用力，m 是物体的质量，a 是加速度，公式为 $F=ma$。

物理学意义的加速度表示速度的变化情况。所以只要知道物体的加速度，就能计算出物体运动的速度。而速度表示位置的变化情况，所以只要知道物体的速度就能计算出物体的位置，也就是说，通过这个运动方程式，就能够根据对物体施加的作用力计算出物体的位置。此外，通过对这个方程式进行数学变形，还可以导出许许多多的物理学基本定律。可以说 $F=ma$ 是牛顿力学中最基本也是最重要的公式。从这个公式可以看出，给一个质量为 m 的物体施加的作用力越大，产生的加速度也就越大。就像引擎越多的火箭速度越快一样。换句话说，在作用力相同的情况下，质量越小的物体越容易加速，质量越大的物体越不容易加速。

不管是地球的公转还是台球的碰撞，我们身边一切物体的运动都可以用这个公式表示出来并加以计算。说近代物理学就是在这个公式的基础之上发展起来的一点儿也不为过。

学生 我对加速度的概念不是很理解。

老师 加速度就是表示速度如何发生变化的值。加速度越大，速度就会越来越快。反之加速度为负值的话，速度就会越来越慢。

学生 质量这个词好像在日常生活中很少用到。理解为重量可以吗？

老师 重量和质量是不同的概念。质量是表示加速难易度的值，即便在宇宙空间之中也一样。而重量是引力对物体的作用力。通俗地说，一个体重 50kg 的人不管是在地球上还是在月球上其质量都不会发生变化，但在月球上的重量却只有在地球上的 1/6 左右。

25

作用力与反作用力定律
~牛顿第三运动定律~

作用力与反作用力定律

墙壁产生了与 B 施加的作用力
相同的力量，所以 B 向后移动

A 产生了与 B 施加的作用力相
同的力量，所以 B 向后移动

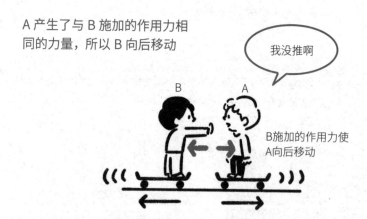

牛顿提出的第三运动定律是，相互作用的两个物体之间的作用力和反作用力总是大小相等，方向相反，作用在同一条直线上。前面提到的运动方程式主要关注的是一个物体，而作用力与反作用力定律则将着眼点放在两个物体上，去思考这两个物体之间的力量关系。

比如 B 站在滑板上用力地推动墙壁。虽然 B 推墙，但实际上却是 B 向后移动。这是因为在 B 向墙壁施加作用力的同时，墙壁也向 B 施加了反作用力。在这个时候由于墙壁是固定的不会移动，但 B 不是固定的，所以 B 在反作用力的影响下向后移动。

这个示例证明了"作用力和反作用力总是大小相等，方向相反，作用在同一条直线上"。日常生活中的经验告诉我们，作用力和反作用力存在于一切力的作用之中。

这次 B 站在滑板上用力地推动同样站在滑板上的 A。结果 A 在 B 施加的作用力的影响下向后移动，而 B 也在反作用力的影响下向后移动。这个示例可以非常直观地证明作用力和反作用力的大小相等，而且方向相反。

老师 | 有一个与作用力和反作用力十分相似的作用力，叫作"力的平衡"。它指的是两种大小相等，方向相反的两个作用力同时作用于一个物体之上。当物体处于力的平衡状态时就会保持静止状态，或匀速直线运动状态，或绕轴匀速转动的状态。

学生 | 这就是惯性定律吧。

老师 | 没错。区分力的平衡与作用力和反作用力时，当"作用于一个物体"的时候就是力的平衡，当"作用于施加力量的物体和被施加力量的物体"时就是作用力和反作用力。

任何人都没有疑问的
"绝对时间"和"绝对空间"
~牛顿力学对时间和空间的解释~

绝对时间·绝对空间

对任何人来说，1min的时间和
1m的长度都是相同的

牛顿在其著作《自然哲学的数学原理》中提出了绝对时间和绝对空间的概念。

　　绝对时间，简单来说就是不管在宇宙的任何地方和任何时候，时间的流逝速度都是完全一样的。比如1s长的时间，不管在日本还是在非洲，即便在月球上也都是1s。而且这个1s长的时间，不管昨天、今天还是从今往后的每一天，都是不会变化的。这种认为时间无论何时何地都以固定的速度流逝的思考方法就是绝对时间。同样，绝对空间指的是不管在宇宙的任何地方空间都是均等且无限扩展的。比如在日本的1m，在非洲和月球上也是1m。

　　这里所说的"绝对"，指的是时间和空间与物体的运动之间没有任何关系，是完全独立存在的。牛顿力学是对"物体的运动与其中的作用力"之间的关系进行解释与说明。牛顿认为，物体处于什么位置，受到多少作用力产生运动，必须1s是1s，1m是1m。这种思考方法与我们在日常生活中的感知是十分相似的。事实上，在爱因斯坦提出相对论之前，人们也一直认为牛顿的理论是理所当然的。

学生 "空间均等"是什么意思？

老师 比如将空间分成许多个小方格，空间均等的意思就是，这些所有的小方格都以同样的间隔排列。反之，"不均等"的情况就是将小方格不规则地胡乱摆放。

学生 为什么牛顿要提出绝对空间和绝对时间呢？

老师 关于这一点众说纷纭，可能是因为牛顿认为距离和时间是力学的基础，所以对距离和时间做出明确的定义非常重要，于是他就提出了绝对时间和绝对空间的概念。

光也是一种电磁波，
像波一样传播
~麦克斯韦总结的电磁定量~

电力

磁力

电流

相吸

相斥

电场与磁场像波一样传播：电磁波

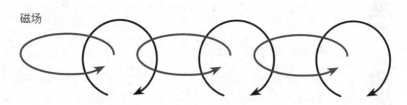

磁场

电场

有电流就会产生磁场和电场

因为电场与磁场的传播速度与光速相同，
所以人们认为光也是像波一样传播的

如果说牛顿力学是关于"力和运动"的学问，那么电磁学就是关于"电与磁"的学问。英国物理学家詹姆斯·克拉克·麦克斯韦在1864年将前人提出的关于电场与磁场的理论进行了总结。这就是现在电磁学的基础。

电力指的是正电荷所带的质子和负电荷所带的电子移动和相互作用时产生的力。比如用导线将电池的正极和负极连接起来，就会产生电流。这就是电荷所带的电子的移动所产生的。

磁力指的是磁石等拥有S极和N极，相互吸引和相互排斥的现象所产生的力。指南针总是指向北方，冰箱贴能贴在冰箱门上，这些都是磁力的作用。

在麦克斯韦之前，人们认为电力和磁力是相互独立的。但麦克斯韦发现当产生电流的时候就会产生磁场，而磁场又会产生电场。他通过调整电场与磁场的相互作用，发现磁场会像波一样传播。经过进一步的计算，他发现电磁波的传播速度与光速几乎一致。于是他又想到，光或许就是电场和磁场发出的波，也就是电磁波的一种。

 学生 ｜ 电荷是什么？

 老师 ｜ 电荷指的是物体所带的正负电子，也被称为电量。

 学生 ｜ 电力和电场有什么区别呢？

 老师 ｜ 电力分为正极和负极，而电场是电力创造出来的场所。同样，磁力也分为S极和N极，磁力对周围空间造成影响就是磁场。

宇宙之中充满了
用来传播光波的以太

~光是如何传播的~

认为以太存在的人和认为以太不存在的人

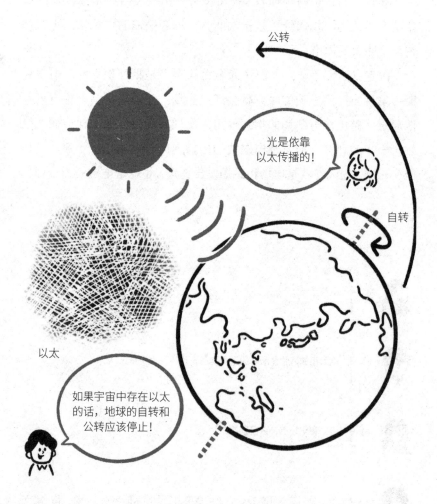

还有一个证据可以证明光是波的一种。那就是光也具有波特有的衍射与干涉现象。衍射简单说就是波绕到墙壁等阴影中的现象，干涉是指波部分地相互增强或相互削弱的现象。

但如果光是波，就会出现新的问题。在牛顿力学中，波的传播离不开媒介。比如大海的波是通过海水传播的。声音也是一种波，通过空气的震动来传播。那么，如果光也是波，究竟是通过什么媒介传播的呢？当时最有说服力的一种说法是说光是通过一种叫作"以太"的看不见的未知物质传播的。

太阳光是从宇宙空间传播到地球的。所以，当时人们认为宇宙之中充满了以太。但如果宇宙之中充满以太，那么地球就应该在阻力的影响下停止自转和公转。也就是说，即便以太真的存在，它也没有对地球造成任何的影响。

关于以太究竟是否存在这个问题，将在下一页中介绍的迈克尔逊和莫雷的实验结果中给出准确的答案。

学生 | 光的传播媒介不是空气吗？

老师 | 光虽然能够在空气中传播，但空气并不是光传播的媒介。媒介指的是能够传播震动的物质。比如声音就是通过空气的震动传播的。但宇宙空间之中没有空气，所以我们在宇宙空间之中听不见声音。然而，太阳却能够从宇宙空间将光传播到地球，这说明光的传播媒介并不是空气。

学生 | 也有人认为光是粒子吗？

老师 | 是的。有不少人都认为光是粒子。事实上，从微观的角度来看，光确实可以看作是由被称为光子的小颗粒组成的。现在还有人认为光拥有粒子和波两种形态。

迈克尔逊和莫雷
否定了以太的存在
~光是不需要传播媒介的波~

以太风的影响　受以太风的影响而速度变慢！

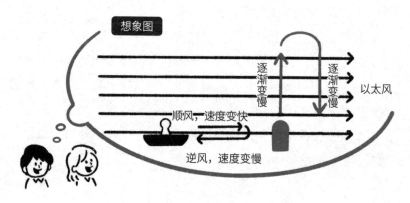

想象图

逐渐变慢

逐渐变慢

以太风

顺风，速度变快

逆风，速度变慢

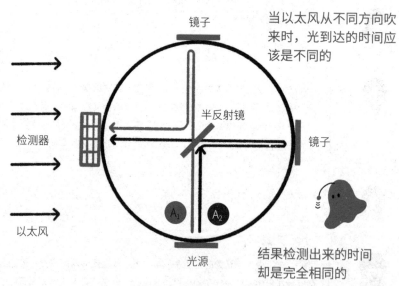

镜子

当以太风从不同方向吹来时，光到达的时间应该是不同的

半反射镜

检测器

镜子

A_1　A_2

以太风

光源

结果检测出来的时间却是完全相同的

1887年，美国物理学家迈克尔逊和莫雷为了搞清楚以太是否存在而进行了一项实验。

地球的自转和公转是一种东西方向的旋转运动。如果宇宙空间充满以太的话，对于地球上的人来说，就相当于东西方向常年吹着速度非常快的以太风。迈克尔逊和莫雷认为，如果光受以太风的影响，那么其传播速度就会发生变化。这就像小船受海潮的影响速度会变快和变慢一样。

迈克尔逊和莫雷在以太风垂直方向和水平方向准备了距离相同的通道。然后利用半反射镜使光源发出的光线分别通过这两个通道。半反射镜是能够将光线的一半反射出去，另一半直接穿过的特殊镜片。如果以太确实存在，那么两条通道的光线抵达检测器的时间应该是不同的。这项实验的目的就是检测时间上是否存在偏差。但经过反复多次的实验，两人完全没有检测出任何偏差。于是他们认为以太应该并不存在。

学生 | 迈克尔逊和莫雷的实验是否因为检测的精度不够所以才没检测出偏差呢？

老师 | 他们的实验精度非常高，假设以太真实存在，那么按照他们的实验方法一定能够检测到偏差。据说即便在他们的实验设备100m范围内有人走动，引发的震动都会影响到实验结果。此外，后世的科学家们又用精度更高的方法重现了他们的实验，也同样没能检测出任何偏差。

学生 | 那么，光的传播媒介究竟是什么呢？

老师 | 通过这个实验，证明了光是不需要传播媒介的波。这是由电场的变化产生磁场，磁场的变化又产生电场的电磁波的性质决定的。

以太不存在，
绝对空间也被否定了
~ 爱因斯坦对绝对空间的否定 ~

存在绝对空间的世界

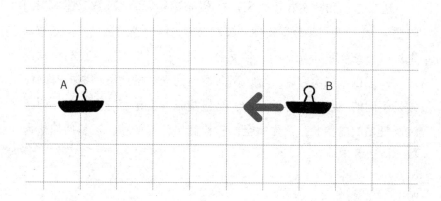

B 在朝着相对以太（海洋）静止的 A 靠近

不存在绝对空间的世界

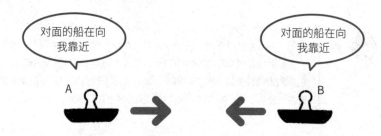

如果没有基准，就不知道究竟是 A 向 B 靠近，
还是 B 向 A 靠近！

当在证明以太不存在之后，当时被认为是常识的牛顿的绝对空间理论也随之崩溃。

关于这一点，可以用一个通俗易懂的例子来思考。比如现在海上有两艘小船。当这两艘船擦肩而过的时候，如何判断是哪一艘船在移动呢？答案是以大海作为参照物，就能够判断哪一艘在移动。但如果没有了大海这个判断基准，就算知道这两艘船在逐渐靠近，也无法确定究竟是对方在向自己靠近，还是自己在向对方靠近。也就是说，从表面上看，不管说哪一方在移动都没有区别。以太不存在就是大海不存在，判断基准也不存在。

牛顿认为在宇宙之中存在一个完全静止的基准。绝对空间就是以此为基准而产生的。而传播光的媒介以太就是这个基准的最佳候选人。但如果以太并不存在，那么绝对空间的存在也不得不被打上问号。因为已经没有了完全静止的基准。

第一个否定绝对空间概念的人就是爱因斯坦。随后，爱因斯坦又否定了另一个基准绝对时间。

学生　如果地球绕着太阳转，那太阳的位置不就是静止的点吗？

老师　但我们所在的太阳系也是以银河系为中心旋转的。而且银河系也在宇宙中旋转。也就是说，如果想在宇宙中找到一个静止的点，就必须把握整个宇宙的状态。但这是不可能也是没有必要的。

在移动的船上扔出一个球，
球会跟着船一起移动

~ 伽利略相对性原理 ~

日心说反对派的主张

地球

如果地球绕着太阳转，那么球应
该掉落在原来的位置

伽利略相对性原理

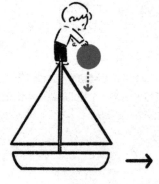

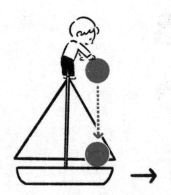

当船按照一定速度移动的时候，球会
垂直掉落在桅杆正下方

否定了绝对空间之后，爱因斯坦又将目光瞄准了另一个著名的理论，那就是伽利略相对性原理。首先让我们来了解一下这个原理诞生的经过。

以前人们普遍相信地心说。地心说认为"地球是世界的中心，所有的天体都绕地球旋转"。与之相对的，哥白尼等人则提出了"太阳是世界的中心，地球绕着太阳转"的日心说。

对日心说持反对意见的人们提出了这样一个观点，"如果地球是运动的，那么在高处扔出一个球，球下落的过程中地球在运动，球就绝对不会掉落在正下方"。也就是说，当地球运动时和静止时一定会出现完全不同的现象。

但伽利略却驳斥了日心说反对派的主张，他提出"不管船是移动还是静止，从桅杆上扔下的球都会垂直掉落在桅杆的正下方"。

伽利略认为，不管是在静止的场所，还是在按照一定的速度运动的场所，都会出现相同的物体移动。这就是伽利略相对性原理。

学生 ｜ 相对性原理的"相对性"究竟体现在哪里呢？

老师 ｜ 相对性指的是存在于与其他物质的关系之中的性质。伽利略相对性原理揭示了物体的运动与运动基准之间的关系。

学生 ｜ 地球大约以多快的速度旋转呢？

老师 ｜ 以自转为例。地球的直径约为 12 800km，一天自转一圈。根据上述数值进行计算的话，在赤道附近的自转速度接近 1700km/h。也就是 1s 前进 460m。

不管运动还是静止，物理法则都成立

~伽利略与爱因斯坦在相对论上的差异~

不同视角观察球的运动

不管是移动的人还是静止的人，观察到自己的球的运动都是相同的

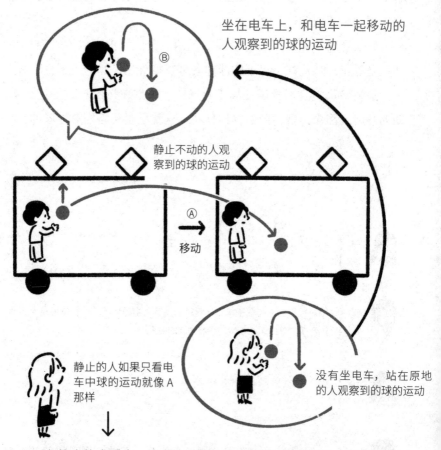

坐在电车上，和电车一起移动的人观察到的球的运动

静止不动的人观察到的球的运动

移动

没有坐电车，站在原地的人观察到的球的运动

静止的人如果只看电车中球的运动就像 A 那样

在静止的人看来，电车中球的运动（A）与跟着电车一起移动的人观察到的电车中球的运动（B）是不同的

在我们的日常生活中也能够体验到伽利略相对性原理。比如在一辆行驶的汽车中扔出一个球。对于电车中的人来说，球是垂直下落的。但对于车外静止的人来说，球却是呈抛物线下落的。

这种静止或者匀速直线运动的参考系被称为惯性参考系。参考系是物理学术语，表示观察事物和现象的基准。换句话说，就是进行观测的人处于怎样的运动状态。用参考系来说明伽利略相对性原理就是，在任何惯性参考系中，物体的运动法则都相同。需要注意的是，这里不包括加速和减速参考系。

爱因斯坦认为，伽利略提出的相对性原理不仅适用于物体的运动，还适用于包括光和热在内的一切物理法则。也就是说，不管在任何惯性参考系之中，一切物理法则都和静止的时候一样成立。这就是爱因斯坦相对对的基本原理。

这也意味着人们不再需要寻找一个绝对静止的点作为基准，也可以对物理现象展开思考。

学生 承认伽利略相对性原理有什么好处呢？

老师 比如在电梯等移动的空间中扔出一个物体。在外面的人看来，电梯的运动和物体的运动混合在一起，计算起来非常麻烦。但对电梯中的人来说，只不过是将物体扔出去的简单运动，和在地面上的运动没有什么不同。像这样将不同的惯性参考系中的运动都看作相同的现象，就可以更简单地对物理现象进行分析。

如果光速不变，那么时间和空间就能伸缩

~光速是固定的~

牛顿力学对速度的计算

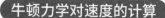

80km/h

①

60km/h

②

对②来说，
①的速度是
80－60=20km/h

对②来说，
③的速度是
60+40=100km/h

③

40km/h

对于静止的人来说，3辆汽车的速度分别是80km/h、60km/h、40km/h

爱因斯坦的光速不变原理

对与光前进方向相反的 A 来说，光的速度是 30 万 km/s

A

光

30万km/s

B

对与光前进方向相同的 B 来说，光的速度也是 30 万 km/s

与汽车的情况不同，
不管对谁来说光都以同样的速度前进

以前人们相信以太存在的时候，认为光相对于以太以约为30万km/s的速度前进。但如果没有作为参考基准的以太，光相对于什么以约为30万km/s的速度前进呢？

对于这个问题，爱因斯坦给出的答案是光不管相对于什么都以约为30万km/s的速度前进。不管是与光同向前进的人还是与光背道而驰的人，看到的光都是以同样的速度前进的。这可能背离了我们日常生活中的常识，所以感觉有些难以理解。但现在已经通过许多实验证明了光的速度不管相对于任何参照物都是恒定的。

速度=距离÷时间。因为我们日常生活中的距离和时间都是绝对的，所以可以通过计算来得出速度。在日常生活中这样思考是完全没有问题的。但相对论揭示的真相表明，实际上只有光的速度是绝对的，而距离和时间都是相对的、可以伸缩的。

可以说狭义相对论中最重要的原理就是光速不变原理。只要承认光速恒定不变，就可以对空间收缩和时间减缓等不可思议的现象进行思考。

老师 在迈克尔逊和莫雷的实验证明了以太不存在之后，当时的物理学家们尝试在现有的物理学框架内对这一现象进行解释。但爱因斯坦直接承认了光速不变原理，并以此为基础提出了相对论。

学生 原理和理论有什么不同呢？

老师 原理指的是使物理学中各种现象和状态成立的最根本的规则。理论则是根据原理推导出来的知识体系。原理不一定会演变为理论，但理论必须有原理作为基础。

SUMMARY OF PART 1

第 一 章 的 总 结

相对论诞生之前的物理学，主要分为对物体的运动与作用力之间的关系进行研究的牛顿力学以及研究电与磁之间关系的电磁学。虽然电磁学证明了光也是波的一种，但迈克尔逊和莫雷的实验却否定了一直被认为是光的传播媒介的以太的存在。这就导致必须对牛顿力学的绝对空间这一基本概念进行调整。爱因斯坦抛弃了绝对时间与绝对空间的概念，提出了相对论。

在狭义相对论中，有两个非常重要的基本假设。第一个基本假设是光不管相对于什么都以约为 30 万 km/s 的速度前进。这被称为光速不变原理。在相对论之中，时间可能会减缓，空间可能会缩小，这都是因为光速不变所导致的。

第二个基本假设是爱因斯坦根据伽利略相对性原理提出的"不管在任何惯性参考系之中,一切物理法则都和静止的时候一样成立"的狭义相对性原理。惯性参考系指的是静止或匀速直线运动的参考系。在这个原理的基础上，即便没有绝对的基准，也可以在各个参考系中记述物理法则。

术语解说 ①

参考系 | 对事物或现象进行观察的基准。第一章中经常出现的惯性参考系是以静止状态或以相同速度在一条直线上前进(匀速直线运动)状态为基准来观察的。与之相对，一边加速一边观察的情况被称为加速参考系。

媒介 | 传播波的物质。传播声音的媒介是空气，传播地震波的媒介是地壳。光(电磁波)和引力波是以空间为媒介传播的。

以太 | 19世纪后半期之前一直被认为是传播光的媒介。但迈克尔逊和莫雷的实验否定了以太的存在。

粒子 | 能够以自由状态存在的最小物质组成部分。光具有干涉和衍射等波的特性，但人们还发现有能够计算光存在的最小单位，说明光也具有粒子的特性。

万有引力定律 | 牛顿发现这个世界上的一切物体之间都有相互吸引的引力。这个力与物体的质量成正比，与物体之间的相互距离的平方成反比。

牛顿力学 | 牛顿提出的力学体系，包括非常著名的牛顿三大运动定律。在量子力学和相对论出现之后被称为经典力学。

电磁学 | 与电现象和磁现象相关的体系。由麦克斯韦将原本相互独立的电学和磁学综合而成。

引力 | 本章中所说的引力，包括地球的引力和地球自转产生的离心力。牛顿发现的万有引力是物体相互之间的吸引力，准确地说和地球的引力不同。但在宇宙论等领域，有时候也将万有引力和引力画等号。

质量 | 表示物体加速难易度的值。不随场所的变化而变化。与之相对的，重量指的是作用于物体之上的引力的大小，与质量不同。

爱因斯坦与奇迹之年

据说爱因斯坦在瑞士伯尔尼专利局就职时，只需要一上午的时间就能完成一天的工作，下午则用来进行研究，晚上和朋友们展开物理的讨论。这时候的爱因斯坦还没有取得博士学位，只是一名业余的物理学家。但他对学问的好奇心似乎比别人多一倍。在专利局工作了 5 年之后的 1905 年，他陆续发表了震惊世界的论文。其中比较有代表性的有"光量子假说""关于布朗运动的理论""狭义相对论"。后世将这一年称为"奇迹之年"。

"光量子假说"是一篇阐明光是粒子的论文。根据麦克斯韦确立的电磁学，光被认为是波的一种。但爱因斯坦认为光是波的同时也具有粒子的特性。这项研究后来逐渐发展成为与相对论并称为现代物理学两大体系之一的量子力学。"布朗运动的理论"是一篇证明分子存在的论文。布朗通过显微镜观察落在水中的花粉散发出来的微粒子的运动，发现这是一种随机运动，因此这种运动被称为布朗运动。爱因斯坦提出了布朗运动的数理模型，并指出这项运动实际上是水分子相互碰撞而产生的。这从理论上证明了水是水分子的集合体。

凭借这些成绩，爱因斯坦在 1908 年成为伯尔尼大学的教师。这时他只有 29 岁。也是从这个时候开始，爱因斯坦一直努力普及狭义相对论。第二年，他成为苏黎世理工学院的助理教授，3 年后成为物理学教授。他的才能逐渐得到学界的认可。

但与他事业上的顺风顺水相反，他的家庭生活可以说并不美满。因为爱因斯坦出轨，所以他和妻子与孩子处于分居状态。再加上还要处理与妻子的离婚手续，似乎给他增添了非常大的压力。

第2章

欢迎来到
狭义相对论的世界

静止时和运动时看光的轨迹是不一样的

~ 运动的物体时间变慢① ~

不同视角看到的光的轨迹

搭乘火箭的 B 看见的光的轨迹

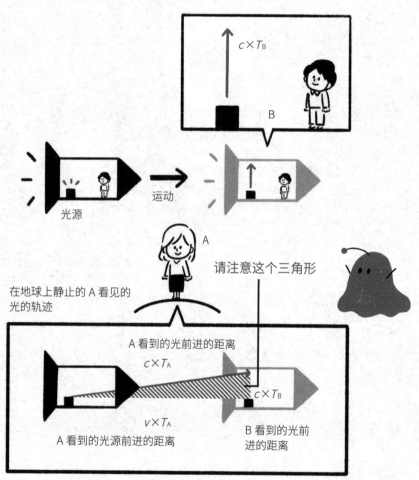

$c \times T_B$

B

光源

运动

A

请注意这个三角形

在地球上静止的 A 看见的光的轨迹

A 看到的光前进的距离

$c \times T_A$

$c \times T_B$

$v \times T_A$

A 看到的光源前进的距离

B 看到的光前进的距离

终于开始对狭义相对论进行说明了。首先我们要了解的是
"运动的物体时间变慢"这一现象。

  请大家想象一下一个人（B）坐在火箭里，而地球上的
另一个人（A）对其进行观测的情况。假设在火箭的地板上有一个光
源，这道光从地板抵达天花板的时间刚好为$T(s)$。那么当火箭以接
近光速的速度v前进的时候，光前进的距离在A和B看来分别是什
么样的呢？

  首先来思考一下B看到的情况。B的情况相对简单，因为他站
在火箭里面，所以看到的光是直线向上的（参见第38~41页）。也就
是说，对于和火箭一起运动的B来说，光经过$T(s)$后达到正上方。
因为考虑到对A和B来说时间可能有所不同，所以将这个时间用T_B
表示。如果用c表示光的速度，那么光前进的距离就是速度×时间，
也就是$c×T_B$。

  那么，对静止的A来说光和光源前进的距离是什么样的呢？因
为火箭前进的速度为v，那么光源前进的距离就是$v×T_A$。而光前进
的距离则是红线所示的$c×T_A$。接下来请注意这个三角形。

老师 让我们来复习一下。距离与速度和时间之间的关系，可以用"距离 = 速度 × 时间"来表示。

学生 时间变慢是怎么一回事呢？就像慢动作那样吗？

老师 准确地说，应该是看起来像是慢动作一样。看起来时间变慢，指的是静止参考系对运动参考系进行观测时，运动参考系的时间看起来变慢。比如在地球上时间过了10s，但火箭里的时间只过了5s。

对A来说，
B的时间看起来变慢了
~ 移动的物体时间变慢② ~

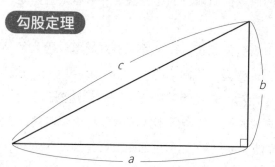

在直角三角形中
$$c^2=a^2+b^2$$

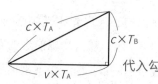

将第48页的　　　　代入勾股定理中

（c=光的速度、v=火箭的速度）

具体示例请见第
52页下半部分

$$(c \times T_A)^2 = (v \times T_A)^2 + (c \times T_B)^2$$

$$(c \times T_A)^2 - (v \times T_A)^2 = (c \times T_B)^2$$

$$T_A{}^2(c^2 - v^2) = (c \times T_B)^2$$

$$T_A{}^2\left(1 - \frac{v^2}{c^2}\right) = T_B{}^2$$

$$T_B = T_A\sqrt{1 - \left(\frac{v}{c}\right)^2}$$

因为$v < c$，所以　$0 < 1 - \left(\dfrac{v}{c}\right)^2 < 1$

也就是　$\sqrt{1 - \left(\dfrac{v}{c}\right)^2} < 1$

请大家回忆一下中学时候学过的勾股定理。勾股定理也被称为毕达哥拉斯定理，是一个基本的几何定理，指直角三角形的两条直角边的平方和等于斜边的平方。比如设直角三角形的两条直角边长度分别为 a 和 b，斜边长度为 c，那么 $c^2=a^2+b^2$。我们可以将前面那个三角形的值代入这个定理之中。

最长的斜边的长度为 $(c \times T_A)$，另外两个直角边的长度分别为 $(v \times T_A)$ 和 $(c \times T_B)$。根据勾股定理，$(c \times T_A)^2 = (v \times T_A)^2 + (c \times T_B)^2$。将这个算式进行整理之后得出的结果如左页所示

$$T_B = T_A \sqrt{1 - \left(\frac{v}{c}\right)^2}。$$

当 $v < c$ 时，$\sqrt{1 - \left(\frac{v}{c}\right)^2} < 1$。由此可以计算得出 $T_B < T_A$。T_A 是 A 感觉到的时间 $T(\text{s})$，T_B 则是 B 感觉到的时间 $T(\text{s})$。如果 $T_B < T_A$，就意味着对于 A 来说，B 的时间看起来变慢了。具体来说，在 A 看来 B 的时间为 A 的 $\sqrt{1 - \left(\frac{v}{c}\right)^2}$ 倍。

 学生 ｜ 现在我能理解 B 的时间变慢了，但具体慢了多少呢？

 老师 ｜ 假设 v 是光速的 60%。在这个时候 $v=0.6c$。将这个数值代入第 50 页的算式中 $T_B = T_A \sqrt{1 - \left(\frac{0.6c}{c}\right)^2}$，得出 $T_B=0.8T_A$。也就是说，对于 A 来说的 1s，对 B 来说只有 0.8s。A 度过 1s 的时间，而 B 则度过了 0.8s 的时间。

反之对B来说，
A的时间看起来也变慢了

~ 运动的物体时间变慢③ ~

不同视角看到的光的轨迹

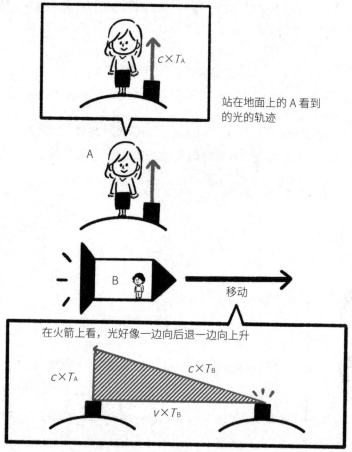

站在地面上的 A 看到的光的轨迹

在火箭上看，光好像一边向后退一边向上升

坐在火箭上移动的 B 看到的地面上的光的轨迹

出现了和之前一样的三角形！

接下来让我们站在B的角度来看一下同样的状况。对于坐在火箭上的B来说，看起来就好像地面上的A在以v的速度远离。就像我们坐在火车上，看窗外的景色好像飞快地向后退去一样。

那么，如果在A的脚边有一个光源向上发出光线，在B看来会是什么样呢？稍微思考一下就会发现，这个三角形和之前的那个三角形是一样的。经过计算之后得出的结果是$T_A = T_B \sqrt{1 - \left(\dfrac{v}{c}\right)^2}$。

T_A和T_B的位置刚好相反。也就是说，从B的角度来看，A的时间看起来变慢了。

刚才是B的时间看起来变慢了，现在是A的时间看起来变慢了。这是因为刚才从A的角度来看，是B以v的速度运动，但现在从B的角度来看，是A以v的速度移动。

在相对论之中，观察的角度非常重要。从这个例子可以看出，对观察者来说，被观察的运动对象的时间就会看起来变慢。因此，对A来说B的时间，以及对B来说A的时间，看起来都变慢了。

学生 A看B的时间变慢了，B看A的时间也变慢了，这不是相互矛盾吗？

老师 在相对论中，时间是相对的，也就是会随着观察者的角度而发生改变，所以上述结果并不矛盾。想要更深入了解这个问题的人，可以参见第63页的"同时性不一致"。

学生 如果A和B以接近光速的速度分离，之后再次相遇时谁的时间变慢了呢？

老师 关于这个问题，请参见"双生子佯谬"（第98页）。

运动的物体时间会变慢，但在日常生活中完全感觉不到

～运动的物体时间变慢④～

A静止不动

B在以0.6倍光速的速度运动的火箭之中

$v = 0.6c$

A看B的光

$10 \times c$

$8 \times c$

A的光对A来说用20s抵达天花板

B的光对A来说用25s抵达天花板

对前文中介绍的内容进行总结可以得出以下的结论，对静止的人来说，运动的物体的时间看起来变慢。这就是钟慢效应。

到目前为止，我们所用到的原理只有爱因斯坦的相对性原理和光速不变原理。在此基础上只需要用到中学学过的勾股定理就能推导出狭义相对论的关键之一 —— 时间变慢的现象。大家对这个现象一定会感到非常不可思议吧。

事实上，在我们的日常生活中也存在时间变慢的现象。但我们却完全感觉不到。因为不管是我们自己还是我们周围的物体，移动的速度都远远小于光速。请大家回忆一下前文中的内容，对A来说B的时间是A的 $\sqrt{1-\left(\dfrac{v}{c}\right)^2}$ 倍。当 v（物体移动的速度）远远小于 c（光速）的时候，这个计算的结果会非常接近1，也就是说A和B的时间几乎相同。

我们日常生活中速度最快的交通工具就是飞机，但飞机的速度也只能达到0.25km/s。与之相比光的速度为30万km/s，所以时间变慢的幅度只有每秒慢100万分之3。因此，我们在日常生活中根本感觉不到时间变慢和相对性。

 学生 | 如果以光速移动的话，时间就会明显变慢了，对吧？那么搭乘接近光速的飞船前往遥远的星系，就相当于在很短的时间内抵达了，对吗？

 老师 | 在这种情况下，要看时间相对于谁来说。比如你坐在以光速一半的速度前进的飞船上，前往距离地球10光年的星球。那么对于在地球上的我来说，你抵达那个星球用了20年的时间，但对于你来说只用了17年就抵达了。

在视角固定的情况下，
周围的景色看起来会缩小
~ 运动的物体长度缩短① ~

不同视角看到的木棒的长度

坐在火箭里的 B 看到的木棒的前端

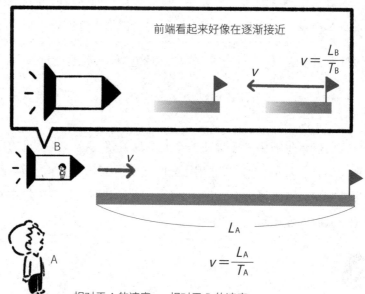

相对于 A 的速度 v＝相对于 B 的速度 v

$$\frac{L_A}{T_A} = \frac{L_B}{T_B}$$

$$L_B = \frac{T_B}{T_A} L_A$$

$$T_B = T_A \sqrt{1 - \left(\frac{v}{c}\right)^2}$$

代入

$$= L_A \underbrace{\sqrt{1 - \left(\frac{v}{c}\right)^2}}_{\text{比1小}}$$

$$L_B < L_A$$

前 文中我们了解了移动的物体时间变慢，接下来让我们来了解一下移动的物体长度缩短。

假设 B 坐在接近光速移动的火箭中前进。在 B 的前进路线上有一个长度为 L 的木棒。从 A 的角度来看，如第56页的插图所示，当 A 看这个木棒的长度为 L_A 时，B 抵达木棒前端的时间为 T_A，B 的速度 $v = \dfrac{L_A}{T_A}$ 。

现在让我们从 B 的角度再来看一下。对 B 来说，木棒的前端相当于以速度 v 在向他靠近。在这个时候的速度 v 和从 A 的角度来看时的速度 v 相同。假设 B 看到的木棒长度为 L_B、抵达木棒前端的时间为 T_B，那么 $v = \dfrac{L_B}{T_B}$ 。因为两个 v 相同，所以将这两个计算式合并到一起，再将第50页的 $T_B = T_A\sqrt{1 - \left(\dfrac{v}{c}\right)^2}$ 代入，就能够计算出

$$L_B = L_A \sqrt{1 - \left(\frac{v}{c}\right)^2}.$$

从这个算式能够计算得出 $L_B < L_A$，也就是 B 看到的木棒长度比 A 看到的木棒长度更短。

学生 为什么 B 看到周围的空间会缩小呢？

老师 当你坐火车的时候，会看到窗外的景色一闪而过。就像是窗外的景色在移动一样，所以看起来会缩小。

学生 物体缩小究竟是怎么一回事？是缩到一起吗？

老师 对处于静止状态的人来说，移动的人和物体就像是朝着前进方向一下子缩小了一样。但空间也和时间一样，只是看起来缩小。对坐在火箭里的 B 来说，自己和火箭相当于没有移动的静止状态。

57

时间和空间都会伸缩，
但只有光速恒定不变
~ 运动的物体长度缩短② ~

牛顿力学中的速度

$$速度 = \frac{距离}{时间} \Longleftarrow$$ 任何人看都
是一样的

→ 速度是绝对的，能够通过距离和时间计算

狭义相对论中的光速

$$光速 = \frac{距离}{时间} \Longleftarrow$$ 根据立场不同而变化

虽然在日常生活中
感觉不到，但通过实验
已经证实！

光速
不变

对于第 56 页中静止的 A 来说，接近光速运动
的 B 看起来会缩小

高速运动的物体时间变慢，因为光速不变，所
以距离缩短

空间的缩小也是相对的。对于接近光速运动的 B 来说周围的空间看起来缩小的同时，对于处于静止状态的 A 来说 B 看起来也是缩小的。也就是说会根据立场的不同而变化。

将上述内容总结之后，就能得出"对于静止参考系来说，接近光速运动的物体时间变慢、长度缩短"的结论。那么，为什么会出现这种现象呢？让我们换一个角度来思考一下。

不管对静止的人还是以任何速度运动的人来说，光速都是恒定不变的。光速 = 距离 ÷ 时间。这个公式意味着速度与距离和时间是成比例的。为了保证光速不变，那么当距离延长的时候时间也要相应增加。也就是说，时间与空间为了保证光速不变而伸缩。这也意味着在相对论之中，不能将时间和空间分开思考。

在相对论之中，将时间与空间统称为时空。在我们的日常生活中，时间和空间完全是不同的概念，但在相对论之中，时空的伸缩能够引发非常有趣的现象。

学生 ┃ 将时间和空间放在一起思考有什么好处吗？

老师 ┃ 与其说有什么好处，不如说世界本来就是这个样子的。本来时间和空间就不应该被分开讨论。

2μs的光速旅行
~神奇的μ子~

不同视角看到的μ子的运动

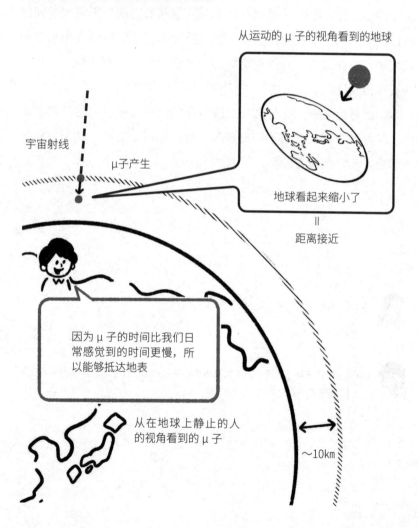

从运动的μ子的视角看到的地球

宇宙射线

μ子产生

地球看起来缩小了
=
距离接近

因为μ子的时间比我们日常感觉到的时间更慢，所以能够抵达地表

从在地球上静止的人的视角看到的μ子

~10km

对于那些以接近光速的速度运动的物质和观测者来说，相对论的影响就非常明显了。让我们以 μ 子为例来进行思考。

在宇宙之中，充满了被称为宇宙射线的放射线。当宇宙射线与地球的大气层发生碰撞时就会产生一种名叫 μ 子的粒子。μ 子的速度非常快，接近光速的99%。但 μ 子的寿命非常短，大约只有2μs 就会消亡。因此，μ 子从诞生到消亡所能够前进的距离就是30万 km/s 乘以2μs，只有0.6km。因为大气层位于距离地表10km的高空，所以 μ 子应该在大气层中很快消亡，根本无法抵达地面。

但科学家们经过实际的观测发现，每10cm^{2}的地表每秒大约有1个 μ 子降落。因为 μ 子以光速的99%飞向地球，所以对于在地球上静止的人来说，受"移动物体的时间变慢"效果的影响，μ 子的寿命就好像延长了。

而对 μ 子来说，整个地球都受"空间缩小"效果的影响。因此，μ 子能够在短短2μs 的时间内抵达地球表面。由此可见，相对论完美解释了牛顿力学无法解释的现象。

学生　对 μ 子来说，地球相当于以极快的速度靠近，对吗？

老师　没错。对于以接近光速运动的 μ 子来说，整个宇宙都仿佛在朝着它前进的方向崩溃。在这个时候，地球看起来应该就像是一个在不断崩溃的球。由此可见，即便是同样的现象，但因为观测者的立场不同，也会得出不同的解释。

即便是同样的现象，不同的观测者会得出"同时"和"不同时"的结论

~ 同时性不一致① ~

移动的墙壁

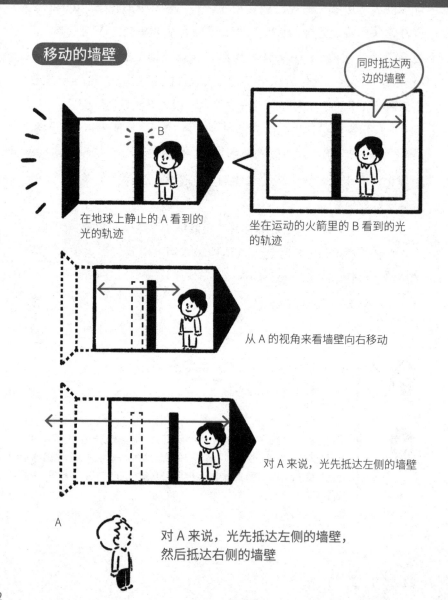

同时抵达两边的墙壁

在地球上静止的 A 看到的光的轨迹

坐在运动的火箭里的 B 看到的光的轨迹

从 A 的视角来看墙壁向右移动

对 A 来说，光先抵达左侧的墙壁

A

对 A 来说，光先抵达左侧的墙壁，然后抵达右侧的墙壁

接下来让我们了解一下著名的"同时性不一致"现象。这次，B坐在以接近光速的速度向右运动的火箭里。而A在地面上对其进行观测。在火箭的中央有一个光源，同时向左右两侧的墙壁发射光线。

首先从B的角度来进行思考。虽然B坐在火箭里，但因为光速c是恒定不变的，所以在B看来光线会同时抵达两侧的墙壁。

那么，对于在地面上静止的A来说又是怎样的情况呢？因为相对于A，火箭以接近光速的速度向右侧运动。虽然光源发出的光线分别向左右两侧的墙壁移动，但墙壁会随着火箭从左向右移动。因为光速c恒定不变，所以光会先抵达左侧的墙壁。而右侧的墙壁因为以与火箭的速度相同的速度v远离光源，所以光线会慢一步抵达右侧的墙壁。

对于B来说，中央的光源发出的光线同时抵达左右两侧的墙壁，但对A来说，光线先抵达左侧的墙壁，然后才抵达右侧的墙壁。

学生 | 向左右两侧发出的光线真的是同样速度吗？

老师 | 相对论是以光速不变原理为基础提出的理论。而且这一理论也已经得到了证实，所以不管观测者是谁，不管发出光线的光源移动速度有多快，光速都是以恒定的速度 c 前进的。

学生 | 但是，为什么同样的现象，有的人看起来是同时的，而有的人看起来却是不同时的呢？

老师 | 关于这个问题请看下一页。

利用时空图解释
"不可思议"的现象
~ 同时性不一致② ~

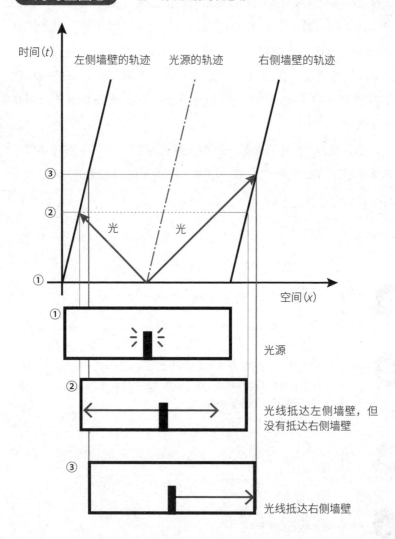

A的时空图①　在 A 看来火箭向右运动

时间(*t*)

左侧墙壁的轨迹　　光源的轨迹　　右侧墙壁的轨迹

③

②

光　　　光

①

空间(*x*)

① 　　　　　　　　　　　光源

② 　　　　　　　　　光线抵达左侧墙壁，但
　　　　　　　　　　没有抵达右侧墙壁

③ 　　　　　　　　　光线抵达右侧墙壁

B看到光线同时抵达墙壁和A看到光线先抵达左侧墙壁，这两个现象是不矛盾的。也就是说，对于不同的观测者，是否"同时"也会发生变化。

为了理解上述结论，我们需要利用"时空图"这个工具。在相对论之中，将时间与空间统称为"时空"。时空图就是以位置（空间）为横轴，以时间为纵轴的坐标图。大家可以简单地理解为时空图就是表示何时在何地的图。

首先来看A视角的时空图。对A来说，左侧墙壁、光源、右侧墙壁的轨迹相当于三条倾斜的平行线。一般在时空图上以45°的斜线表示光线。从光源发出的光线，以±45°的斜线照射到左右两侧的墙壁上。相交的点就代表光线抵达墙壁的时间和位置。

对A来说，同时指的是与坐标轴的横轴平行的位置。但从A的角度来看，光线先抵达左侧的墙壁，然后才抵达右侧的墙壁。因为在坐标轴上②和③的时间是不同的，这意味着对A来说光线抵达两侧墙壁的时间不同。

 学生 为什么横轴为空间、纵轴为时间？

 老师 你可以理解为这是相对论约定俗成的习惯。当然，就算将横轴设定为时间，纵轴设定为空间也没关系，并不会改变时空图的本质。

 学生 在时空图上，为什么墙壁、光源以及光线都是斜线呢？

 老师 斜线代表以一定的速度运动。光线和火箭的倾斜角不同，代表速度不同。

65

在时空图的坐标中
只有光速是相同的
~同时性不一致③~

在B看来A向左运动

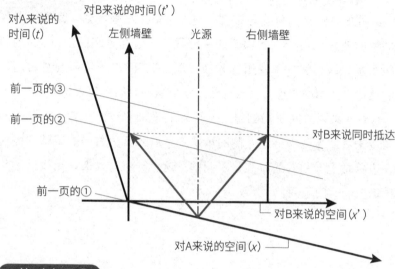

对A来说的
时间(t)

对B来说的时间(t')

左侧墙壁　　光源　　右侧墙壁

前一页的③

前一页的②

对B来说同时抵达

前一页的①

对B来说的空间(x')

对A来说的空间(x)

A的时空图②　　在前一页的时空图中加入B的视角

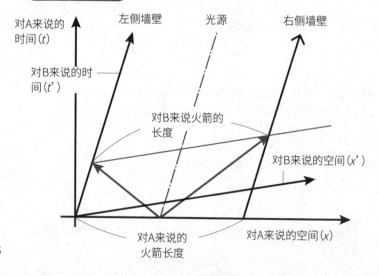

对A来说的
时间(t)

左侧墙壁　　光源　　右侧墙壁

对B来说的时
间(t')

对B来说火箭的
长度

对B来说的空间(x')

对A来说的
火箭长度

对A来说的空间(x)

66

现 在让我们来看一看B的时空图。对B来说，墙壁和光源都是静止的，所以在坐标图上是垂直线。在这个坐标图上画出光线，就会发现对B来说光线同时抵达两侧墙壁。

如果在B的时空图上画出A的时空图，横轴与纵轴会倾斜相交。这样的坐标图被称为斜交坐标图。将前一页的①~③与B的时空图进行对比，就会发现A的"同时"和B的"同时"存在差异。如下方的图所示，当在A的时空图上画出B的时空图时，B的轴出现了斜交。

综上所述，坐在火箭中的B看到光线同时抵达两侧墙壁，而在地面上静止的A看到的结果却是不同时的。

时空图虽然是一个比较复杂的概念，但能够从视觉上直观地把握状况，有助于帮助我们了解相对论更深层次的内容。比如前文中提到过的"移动的物体长度缩短"这个现象，在A的时空图中，光线同时抵达时B眼中的火箭长度，对A来说看起来更短。

老师 对B来说的"同时"，用与B的 x' 轴的平行线来表示。从时空图上来看，光源发出的光线对B来说同时抵达两侧墙壁。

学生 为什么不同观测者的时空图的轴也不一样呢？

老师 因为不同观测者的时间和空间也不一样。这也正好体现出不同观测者的相对性。顺带一提，如果不同观测者的速度与光速相比非常小的话，那么两者的轴也会近乎重合，也就很难感觉到相对性。

自然界中的任何物体都无法超越光速,因为能量会变成质量

~ 越接近光速，质量越大① ~

能量变为质量

0.1c（光速的10%）

增加能量就能提高速度

0.2c

增加同样的能量，但不能达到 0.3c

0.28c

火箭变得更重

不管增加多少能量……

0.9999…c

无法超越光速

关于光速，除了光速不变原理之外还有一个非常重要的性质，那就是光是自然界中速度最快的物质，任何物质都无法以超越光速的速度移动。

在狭义相对论中，任何情况下光的速度都恒定为c。比如一个火箭以接近光速的速度v前进，对面直射过来一道光线，这道光线仍然以c这个恒定的速度远去。这意味着在狭义相对论中，不能用单纯的$v+c$来计算速度。由于不管以怎样的速度前进，光在该地点的速度都恒定为c，所以火箭是绝对追不上光的。那么，如果不断地给火箭加速，最终能够达到怎样的结果呢？

因为在自然界中光速是速度的上限，所以火箭的速度即便能够无限接近于光速，却绝对不可能达到光速。不管怎样提高火箭引擎的推动力，都无法使火箭达到光速。那么引擎对火箭施加的能量到哪里去了呢？

从结论来说，引擎对火箭施加的能量变成了"质量"。综上所述，物体越接近光速，质量越大。

 老师 质量增加和时空的伸缩一样，是对静止的人来说质量看起来增加了。

 学生 人的质量增加，就是看起来变胖了的意思吗？

 老师 不是变胖了，准确地说是组成人体的粒子的质量增加了。在以光速运动的情况下，可以看作是空间被压缩了的感觉。

质量不等于重量，
只表示运动的难易度
～越接近光速，质量越大② ～

质量表示运动的难易度

质量小，只需要很少的能量
就能运动

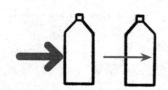

质量增加，运动需要的能量
也随之增加

能量与质量等价 $E=mc^2$

E：物质持有的能量　　　m：物质的质量　　　c：光的速度

能量示例

质量示例

乍看起来完全不同的能量和质量
其实是等价的

为了理解"质量增加"这个概念，首先我们要知道什么是质量。由牛顿第二运动定律 $F=ma$（其中，m 为质量，a 为加速度，F 为作用力）变形后可以得出 $a=\dfrac{F}{m}$，由此可见加速度与质量成反比。也就是说，质量越大，越难以加速。

将上述内容简单概括就可以得出"质量是表示加速难易度的值"这一结论。比如与1瓶500mL的矿泉水相比，1瓶2L的矿泉水更难以运动。让我们再回到相对论上来，物体越接近光速质量越大，也就意味着越接近光速的物体越难以加速。无限接近于光速的物体的质量会增加到接近无限大，因此无法再继续加速。而这个极限的速度就是光速 c。

接近光速的物体的质量增加还揭示了一个惊人的事实，那就是能量与质量是等价的。以火箭为例，为了提高火箭速度而消耗的能量，其实增加的并非火箭的速度而是火箭的质量。

老师　光之所以能够在宇宙中以最快的速度运动，是因为光的质量为0。另外，像电子之类非常小的粒子，因为也拥有质量，所以最多只能加速到光速的99.9999……%，而且在加速的过程中它们的质量也会不断增加，永远也不可能超越光速。

学生　能量与质量等价究竟是什么意思？等价不是相同吗？

老师　"等价"指的是能够相互变换。比如一定量的钻石和一定量的黄金等价，但钻石和黄金并不相同。

利用质量变成能量来进行
发电的核电站
~ 质量与能量的等价性 ~

原子 ……组成物质的小型颗粒

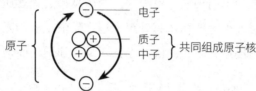

原子 {
电子
质子
中子 } 共同组成原子核

化学反应 ……反应前后全体的质量几乎不发生变化

例 碳原子　　　氧原子　　　二氧化碳分子

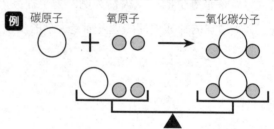

核裂变反应 ……反应前后质量发生变化

例 铀235　　与中子碰撞　　变成另外两个原子和
两个中子

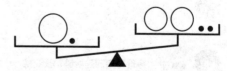

质量发生变化的部分转变为了能量

72

如果物质越接近光速质量越大，那么速度越慢的话会怎样呢？当然，物质的质量是不会消失的，每个物质都有相应的值，这个值被称为静止质量。由于我们身边的物质都以远远小于光速的速度运动，所以基本都属于静止质量。

让我们来看一个质量转变为能量的示例。最著名的莫过于在核电站中出现的铀核裂变反应。一般情况下，原子由电子、质子、中子这三种粒子组成。比如氧原子和氢原子的原子种类，是由原子核中带有多少质子决定的。

铀是一种不稳定的原子，很容易分裂成更小的原子。将铀与分裂后的物质进行对比，发现分裂后的物质质量变小了。而这部分的质量变化为了能量。

据说1个铀原子经过裂变损失的质量大约为0.1%。1g铀发生裂变反应会失去0.001g的质量，产生大约8.3×10^{10}J(焦耳)的能量。这些能量足够将250L的水从0℃加热到沸腾790次。

学生 煤炭燃烧后产生热量，是质量变为能量吗？

老师 煤炭本身拥有化学能量，燃烧时化学反应产生热量。这种反应产生的能量与质量变化产生的能量相比小到几乎可以忽略。因为燃烧前的煤炭和氧气的合计质量与燃烧后的煤灰与二氧化碳的合计质量几乎完全相同。但在质量变化产生能量的极端情况下，相当于煤炭彻底消失，取而代之的是产生出巨大的能量。

SUMMARY OF PART 2

第 二 章 的 总 结

　　狭义相对论是根据光速不变原理和爱因斯坦的相对性理论这两个基本原理推导出的理论。包括以下 3 个重点。

　　第一个是对静止的人来说，运动的物体看起来时间变慢。比如一个人坐在以接近光速的速度前进的火箭上，对在地面上静止的人来说，这个人的时间会变慢。但这是相对的，对坐在火箭上的人来说，周围的时间看起来变慢了。

　　第二个是对静止的人来说，运动的物体看起来变短。这也是相对的。通过上述两点可以看出，时空是相对的，随观测者的变化而变化。此外，对观测者来说"同时"的概念也不一样，这就是"同时性不一致"。

　　第三个是质量与能量等价。在自然界之中，不存在能够超越光速运动的物质。即便将某种物质加速到无限接近于光速，最终用于加速的能量只会变成使物质难以继续加速的质量。用来表示这一现象的公式是 $E=mc^2$。

　　需要我们注意的是，狭义相对论是只在惯性参考系中成立的理论。惯性参考系指的是观测者处于静止或匀速直线运动的参考系。

勾股定理 | 在两个直角边长为a和b，斜边长为c的直角三角形中，$c^2 = a^2 + b^2$。也被称为毕达哥拉斯定理。

c（光的速度） | 光传播的速度。光在真空中传播的速度被定义为299 792 458m/s。比较常用的表述是"光能在1s绕地球7圈半"。

时空 | 时间与空间统一的概念。在相对论中，时间和空间是统一的而非相互独立的。

大气（层） | 覆盖地球的空气。一般位于地表之上100km的位置，大气层的外部就是宇宙空间。

平方根 $\sqrt{}$（根号） | "平方之后为x的数"就被称为"x的平方根"。比如9的平方根是3和-3。用根号来表示的话，就是$\pm\sqrt{9}=\pm3$。

宇宙射线 | 在宇宙空间中飞速运动的高能粒子。许多宇宙射线飞向地球，与大气层碰撞后产生大量的粒子，这些粒子会降落到地球表面。

时空图 | 在相对论中用来表示时间与空间关系的坐标图。特别是用来表示不同惯性参考系中时间与空间的关系性。

$E=mc^2$ | 爱因斯坦推导出的用来表示能量与质量等价的公式。表示能够从物质中提取出能量，以及从能量中产生出物质。

核裂变反应 | 铀等质量比较大的原子核与其他粒子发生碰撞时产生的反应。能够产生出巨大的能量。也是核能炉的基本核反应。

能量 | 做功的能力。物理学中的功指的是施加作用力使物体运动。分为电能、热能、运动能等许多种类。

爱因斯坦获得诺贝尔物理学奖

1905 年提出狭义相对论之后，爱因斯坦就开始着手研究更加普遍的广义相对论。1915 年他终于完成了广义相对论的相关研究，并在第二年的学会杂志上发表了具体的内容。据说当时能够理解广义相对论的人非常少，所以爱因斯坦的研究并没有得到太高的评价。

直到 1919 年，爱因斯坦的名字才被世人所熟知。英国天文学家亚瑟•爱丁顿观测到，在日全食中太阳的引力场会使光线弯曲，这就是著名的引力透镜效应。而他的这一发现也使得广义相对论得到了世人的重视，爱因斯坦因此名扬世界。

同样在 1919 年，爱因斯坦与分居 5 年之久的妻子米列娃离婚，几个月后与表姐艾尔莎再婚。因为他几乎确定能够获得诺贝尔物理学奖，所以他打算将这笔奖金作为给米列娃的赔偿金。

1918 年德国战败，第一次世界大战结束。就在人们都以为世界将迎来和平的时候，1921 年阿道夫•希特勒成为纳粹党的领袖。身为犹太人的爱因斯坦被纳粹盯上，生活受到了威胁。

1922 年，爱因斯坦应日本出版社的邀请来到日本。他在日本停留了43 天，并在各地进行了演讲。在前往日本的船上，爱因斯坦收到了自己获得诺贝尔物理学奖的消息。获奖理由是"发现光电效应"。据说之所以不是相对论，是因为当时有人质疑"相对论是否能够给人类的发展带来巨大的利益"，为了避免争议所以才没有选择相对论作为获奖理由。

第 **3** 章

欢迎来到
广义相对论的世界

狭义相对论的两个弱点
~为什么需要广义相对论~

从狭义到广义

狭义相对论证明了

接近光速运动的物体
✓ 时间变慢
✓ 空间缩小
✓ 质量增大

但也存在弱点

那就是没有考虑引力和加速参考系

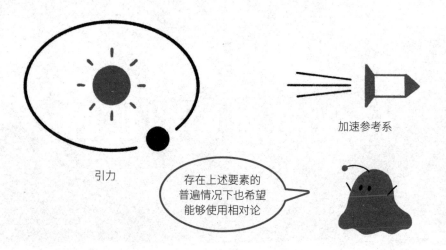

引力

加速参考系

存在上述要素的
普遍情况下也希望
能够使用相对论

→提出更普遍的广义相对论!

狭义相对论发表大约10年后，爱因斯坦又提出了广义相对论。狭义相对论将时间与空间合为一体提出了时空的概念，并且导出了时空的伸缩性以及质量和能量的等价性。狭义相对论完美地解释了牛顿力学无法解释说明的物理现象，作为具有划时代意义的理论体系而备受关注。但狭义相对论却存在着两个弱点。

其中最大的弱点就是狭义相对论只能解释惯性参考系的物理现象。

惯性参考系在物理学中属于一种狭义的状况，所以爱因斯坦还需要构筑一种能够对观测者处于加速参考系等普遍的状况进行解释的相对论。

狭义相对论的第二个弱点是没有考虑引力的影响。在牛顿力学中，引力是瞬间产生并传递的。但在狭义相对论中，自然界中存在的一切物质都不能超越光速。虽然两者对于引力的主张完全矛盾，但狭义相对论完全没有讨论引力的问题。所以如何用相对论来解释引力就成为一个悬而未决的课题。

为了解决上述问题，使相对论能够应用于更普遍的情况之中，爱因斯坦又提出了广义相对论。

 学生 | 牛顿力学与狭义相对论是矛盾的吗？电磁学与狭义相对论存在矛盾吗？

 老师 | 电磁学其实已经考虑到了相对论的效果。也就是说，电磁学以不管从什么参考系来看，光速都是恒定不变的为基础。因此，电磁学与狭义相对论之间并不存在矛盾。

在封闭箱体中的人处于
自由落体还是无重力状态

~ 惯性参考系与惯性力 ~

加速时能感觉到的力

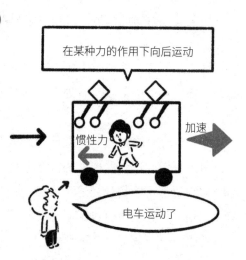

在某种力的作用下向后运动

惯性力

加速

电车运动了

密闭的箱体

能够感受到
两种力

引力　惯性力

向上加速

加速

自由落体
（不施加任何作用力，仅凭引力下降）

惯性力

引力

加速

在惯性参考系中，所有的物理法则都和静止时一样成立。这也被称为狭义相对论原理。

那么，在不属于惯性参考系的加速参考系中情况是否会发生变化呢？最典型的加速参考系就是向上加速的电梯。当搭乘上行的电梯时，我们能够感受到从下方传来一股力量推动我们向上。这就像搭乘电车时，如果电车忽然向前加速，我们能够感受到一股相反方向的力量拉扯。

由此可见，在加速参考系中，存在加速方向和相反方向两种作用力。牛顿力学将这种力称为惯性力（假想力）。正因为这个假想力的存在，加速参考系中的物理法则与静止参考系的物理法则有所不同。之所以叫作假想力，是因为这股力量对于电梯之外的人来说，就好像并不存在一样，是看不见的。

爱因斯坦认为，这种看不见的假想力就是引力。为了进行说明，请大家想象一下自由落体的电梯。假设电梯是一个密封的空间，因为电梯向下加速，所以惯性力与引力相互抵消会产生一种无重力的状态。那么在这种情况下，电梯中的人是什么样呢？

 学生 假想力实际并不存在吗？

 老师 惯性力是为了让多个参考系能够合乎逻辑而导入的作用力。比如在加速的电车中朝正上方扔出一个球，球会落在正后方。对车外的人来说，因为电车加速前进所以球掉落在后方，这很正常。但对坐在电车里的人来说，朝正上方扔出的球本应该掉落在正下方，却莫名其妙地掉落在正后方。为了解释这个现象而导入的作用力就是惯性力。在这种情况下，对车外的人来说，惯性力是不存在的，但对坐在车里的人来说，只有假设惯性力存在，才能解释球掉落在后方这个现象。

利用引力和惯性力的
等效性来突破弱点
~"人生中最幸福的思考"~

重力与惯性的等效性

↑与↓并非相抵消，可以看作是原本就不存在这种作用力

无重力状态

（假想力）惯性力

＝

引力

加速

位于密闭空间中的人，
究竟是自由落体还是无重力状态，无法判断

因为无法判断电梯中的人究竟是处于自由落体状态还是无重力状态，爱因斯坦认为引力和惯性力也无法区分，所以认为两者是等效的。这就是等效原理。

牛顿认为，加速参考系是在加速的状态下，所以必须考虑实际上并不存在的假想力。但爱因斯坦认为，加速产生的惯性力和引力之间难以区分，如果将两者看作是同样的作用力，就能够相互抵消。如果这样想的话，那么即便在加速参考系中，局部地区也会出现与其他静止参考系和惯性参考系同样的物理现象。这就是广义相对论。

狭义相对论只证明了在惯性参考系中所有的物理法则都相同，而广义相对论则证明了在包括加速参考系在内的所有参考系内，所有的物理法则都相同。爱因斯坦在发现惯性力与引力的等效原理之后才能够给出合理的解释，因此他也将这个发现称为自己"人生中最幸福的思考"。实际上，广义相对论将狭义相对论中一直难以解决的加速参考系和引力等问题一下子全都解决了。

学生｜与牛顿力学的思考方法相比，相对论的思考方法更优秀吗？

老师｜牛顿力学中的惯性力是一种假想力，是为了使逻辑合理而强行加入的作用力。而将惯性力与引力画上等号之后，就可以将有引力的参考系与加速参考系统一起来进行思考，非常方便。

学生｜以这种思考方法为基础，就可以在地球上创造出无重力状态了吧？

老师｜事实上，利用抛物线飞行就能实现这种状态。关于具体的内容请参见第108页。

在下降的箱体中发出的
光线会因为引力而出现弯曲
~光为什么不直线前进~

引力使光线弯曲

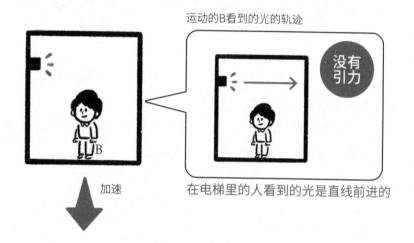

运动的B看到的光的轨迹

没有引力

在电梯里的人看到的光是直线前进的

加速

静止的A看到的光的轨迹

有引力

引力

因为电梯下降，所以左侧发出的
光线向右下弯曲

光线看起来弯曲了

A

在引力与惯性力等效的等效原理基础上，就能够解释广义相对论的关键之一——引力使光线弯曲的性质。请看下面这个例子。

假设B站在电梯里，电梯的墙壁上有一个光源。而站在外面的A能够看到电梯中的情况。现在电梯做自由落体运动，同时光源发出光线。

在相对论之中，观测者是谁非常关键。首先从B的角度来考虑一下。在自由落体的电梯中，由于惯性力和引力相互抵消，所以可以看作是无重力的状态。B看到的光线是从光源处直线抵达对面的墙壁。

那么从A的角度来看又会是怎样的状况呢？对A来说并没有惯性力，看起来是电梯和B一起在做自由落体运动。在这种情况下，光线从光源处发出之后虽然也会抵达对面的墙壁，但由于光线前进过程中电梯也在自由落体下降，所以光线看起来会出现一定程度的弯曲。A和B观测的差异就在于是否存在引力。也就是说，综合A和B的观测结果来考虑，就能得出引力会使光线产生弯曲这一结论。

学生 ┃ 在下降的同时打开灯，光出现向下的弯曲不是理所当然的吗？

老师 ┃ 并非如此。光的速度是恒定不变的。也就是说，不管电梯出现怎样的运动，光线都应该保持恒定的速度朝着水平的方向前进。

学生 ┃ 引力使光线弯曲，是不是意味着惯性力也会使光线弯曲？

老师 ┃ 是的。因为引力与惯性力是等效的。比如在加速的火箭中打开灯，惯性力就会使这个光线弯曲。

85

太阳后面的星体发出的
光芒会受太阳引力的影响
发生弯曲后抵达地球
~ 实际观测到的引力使光线发生弯曲 ~

观测到本应观测不到的光线

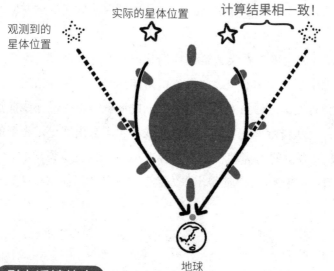

观测到的
星体位置

实际的星体位置

这个偏差与广义相对论的
计算结果相一致!

地球

引力透镜效应

从遥远的星系发出的光线受引力透镜的影响弯曲后传到地球,
看起来呈环状或分裂为多个

产生引力透镜
效应的星系

遥远的星系

因为引力透镜效应,使得我们在地球上也能够观
测到遥远的星系和星体

接下来让我们通过实际进行过的实验来进行解说。

提出广义相对论之后，爱因斯坦接下来的课题就是通过实验来证明理论的正确性。其中一个实验就是接下来要为大家介绍的太阳对光线的弯曲实验。

太阳、月亮以及地球连成一条直线，月亮的影子落在地球上的现象被称为日食。当太阳完全被月亮挡住也就是日全食的时候，天空会变得如夜晚一般黑暗，所以这时正是观测星空的大好时机。在这个时候，从常识的角度来说，从地球上无法观测到太阳后面的星光。但根据广义相对论，太阳的引力会使光线出现弯曲，所以在地球上应该能够观测到太阳后面的星光。通过比较这个时候观测到的星体的位置与实际星体的位置之间存在的偏差，就能够证明广义相对论是否正确。1919年发生日食的时候，英国的天文学家亚瑟·爱丁顿的观测团队在西非和巴西分别对星空进行了观测。对结果进行对比后发现，星体发出的光线所出现的弯曲角度与广义相对论的计算结果完全一致。

这个实验证明了广义相对论的正确性。当时的新闻媒体对这件事进行了广泛的报道，也使得爱因斯坦得到了全世界的认可。

学生 除了太阳之外，其他的引力也会使光线弯曲吗？

老师 是的。从遥远的星体和星系发出的光线，都会受到光线前进路线上的星系等的引力影响而出现弯曲。在观测时这些光线时可能会呈圆环状或分散状。这被称为引力透镜效应。

学生 为什么叫透镜呢？

老师 星系的引力使光线弯曲的状态就好像光线穿过透镜时产生弯曲一样，所以被称为引力透镜效应。引力透镜效应不仅证明了相对论的正确性，还作为观测遥远星体的"透镜"发挥着重要的作用。

距离引力源越近的地方
时间越慢
~引力对时空的影响①~

引力与光的关系

X-X'之间的距离比Y-Y'之间的距离更短，是因为靠近引力源的时间更慢，所以距离÷时间得出的光速并没有改变。

通过光线的弯曲，可以得出引力对时空的两个影响。一个是越接近引力源的场所时间流逝越慢，另一个是引力使空间出现弯曲。首先让我们来看第一点。

在前文中提到过的遥远星系发出的光线受太阳引力的影响出现弯曲的状况中，可以将光源发出的光线看作一个圆柱体。在这种情况下，圆柱状的光线靠近太阳的一侧为 X-X' 和对面另一侧为 Y-Y'，通过上图可知，靠近太阳一侧的距离更短。那么这岂不是与光速不变原理出现了矛盾吗？

从结论上来说，并不矛盾。理由之一是越接近引力源的场所时间越慢。光速＝光前进的距离÷时间，圆柱状光线内侧的路线因为时间流逝得更慢，所以与光速不变原理并不矛盾。

上述结果也是经过实验证实的，因为太阳的引力比地球更强，所以太阳表面的时间流逝也比地球表面的时间流逝慢2μs。

顺带一提，对于在很远的地方静止的A来说，光速看起来好像发生了变化。从引力的角度来解释的话，就是光速不变原理仅限于观测者附近很小的范围之内。

学生 在狭义相对论中，以接近光速运动的物体的时间会变慢，但对于运动的人来说，静止不动的人的时间会变慢。那么在引力的情况下是什么样的呢？

老师 对于距离引力源比较近的 B，与位于远处的 A 相比，自己的时间流逝比较慢。虽然速度是相对的值，但引力源与 A 和 B 的距离是确定的。所以，B 的时间比较慢。

学生 也就是说并非相互看对方的时间都变慢，只有距离引力源更近的人时间变慢！

对光线来说的最短距离
证明时空的弯曲

~引力对时空的影响②~

光的折射

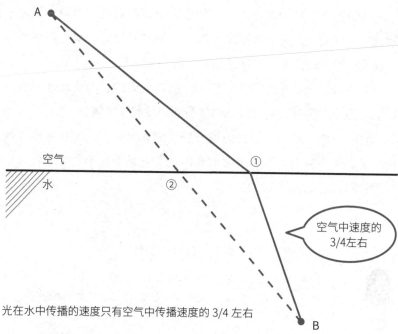

空气

水

①

②

空气中速度的
3/4左右

A

B

光在水中传播的速度只有空气中传播速度的 3/4 左右

A → B 所需时间最短的路径是①

虽然①的距离比②长，但因为②在水中的距离更长，所以比①更晚抵达

光线会选择所需时间最短的路线①

接下来让我们思考一下"引力使空间出现弯曲"。首先我们需要了解一个关于光线的非常重要的性质，那就是光线必定会选择所需时间最短的路线前进。这就是著名的费马原理。

比如光在水中传播的速度只有在空气中（与光在真空中的传播速度几乎相同）的3/4左右。因此，当光源A发出的光线前往位于水中的B点时，所需时间最短的路线并不是从A到B的直线。因为直线在水中的距离更长，导致光传播的速度变慢，反而会需要更多的时间。所以光线实际上会选择水中较短的路径，通过折射抵达B点。

让我们再回到引力的话题上来。如果光线拥有必定会选择所需时间最短的路线前进的特性，那为什么会因为引力而产生弯曲？这是因为引力使时空出现了弯曲。

弯曲的时空（三维）可能很难理解，首先可以想象一下弯曲的二维空间。请在地图上画出从东京到纽约的飞机最短路线，在这个时候，最短的路线是连接东京和纽约这两点的直线吗？答案是否定的。

学生　引力使光线产生弯曲，和光线从空气进入水中时产生的折射一样吗？

老师　不一样。折射是因为费马原理产生的现象，和引力使光线产生弯曲稍微有些区别。折射是因为不同物质对光的传播速度不同所导致的，而引力使光线产生的弯曲则是质量使时空弯曲导致的。

学生　东京到纽约的最短路线在地图上不是直线吗？

老师　用地球仪来确认一下最短路线就能明白了。用一条绳子或者丝带来实际连接一下看看吧。

光在弯曲的时空中直线前进,"直线"是最短的距离

~引力对时空的影响③ ~

通过二维图片来思考光线的最短距离

因为地球是不规则的椭圆球体,所以地球上两点
之间的最短距离并不是地图上的直线距离

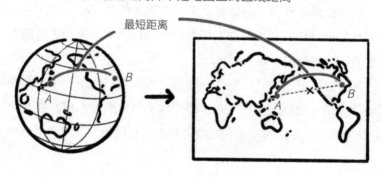

最短距离

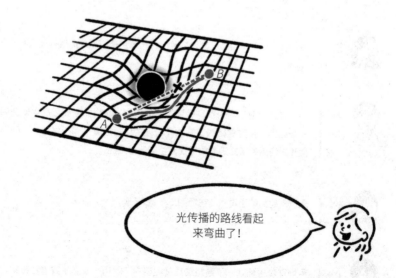

光传播的路线看起
来弯曲了!

为什么不是直线呢？因为地球是不规则的椭圆球体。换句话说，在三维的地球上的两点之间的最短路线，不一定是二维的地图上的直线距离。同样，在被引力弯曲的三维空间之中，所需时间最短的路线也是曲线。

为了更直观地表现三维空间中的弯曲，可以用二维图来对其进行模拟。请将二维空间看作是一个网状的橡胶垫。然后在这个四角固定的橡胶垫中央放一个重物。这样一来，橡胶垫就会出现下坠。而下坠产生的弯曲就相当于引力使空间产生的弯曲。

那么在这个橡胶垫上两点间所需时间最短的路线是什么呢？正确答案并不是连接两点之间的直线，而是贴着橡胶垫平面的曲线。也就是说，在被引力弯曲的空间中，两点之间所需时间最短的路径不一定是直线。

在前文中我们知道，引力会使光线产生弯曲。但在弯曲的空间中的直线就是连接两点之间的最短距离。这与光的传播路线相同。也就是说光线并没有弯曲，而是在弯曲的时空中直线前进。只是在图上看起来弯曲了而已。

学生　橡胶垫的弯曲倒是能想象出来，但时空的弯曲完全无法想象。

老师　三维空间的弯曲确实非常难以想象。为了便于理解空间弯曲，没有考虑橡胶垫模型时间的弯曲，所以只是一个简易的模型，并不准确。这一点请大家注意。

引力是时空弯曲
而产生的作用力
~与牛顿力学思考的差异~

牛顿力学对引力的说明

✓ 物体之间相互吸引的力

✓ 瞬间传播

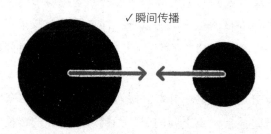

相对论对引力的说明

✓ 时空弯曲产生的力

✓ 以光速传播

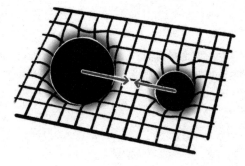

让

我们再来思考一下广义相对论中的引力。

在牛顿力学中，引力是有质量的物体之间相互吸引的力。而且牛顿认为这个力是瞬间传播的。

与之相对，爱因斯坦提出的引力则是质量使时空弯曲而产生的作用力。这乍看起来好像和牛顿的观点相一致，但实际上两者的思考方法完全不同。

请回忆一下前面提到过的网格状的橡胶垫。如果在这个垫子上相隔一定的距离放两个同样重量的球，会出现怎样的现象呢？或许这两个球会沿着各自产生出的凹陷一点一点地靠近吧。这就是空间弯曲产生的引力。而且空间的弯曲以光速进行传播。

由此可见，引力其实是时空弯曲所产生的作用力。在前文中我们已经得知，距离引力源越近的地方时间越慢，引力会使空间产生弯曲。将这两个性质综合起来，并且将时间和空间统一为时空，就能够简单地归纳为质量能够扭曲时空。

学生 牛顿力学对引力的解释和相对论对引力的解释存在差异，这个差异为什么非常重要呢？

老师 在牛顿力学中，引力在相隔的地点不需要任何媒介就能够直接相互作用。与之相对，在广义相对论中，某种物质的引力是向其周围逐渐扩散传播的。这种连续传播引力的空间叫作"引力场"。现在通过场模型能够对这个世界上的现象进行更合理的解释，比如宇宙中发生的各种现象。所以广义相对论对引力的解释更加重要。

黑洞的周围空间扭曲、
引力波扩散
~ 广义相对论预言的两个现象 ~

黑洞

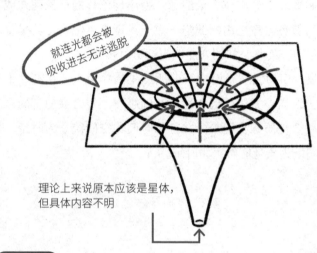

理论上来说原本应该是星体，
但具体内容不明

引力波

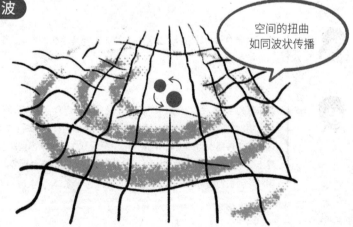

根据橡胶垫模型，广义相对论预言了两个现象，一个是黑洞，另一个是引力波。

如果在橡胶垫上放一个非常重的物体，那么橡胶垫的中间就会深深地凹陷下去。这就是黑洞模型。由于黑洞的质量非常大，所以会使周围的空间出现巨大的扭曲。就连光也会被吸收进去。因为没有光，所以人类无法用眼睛看见黑洞。

在广义相对论发表之后的第二年，德国天文学家卡尔·史瓦西根据广义相对论预测了一个连光都无法逃脱的扭曲空间，这就是我们现在所说的黑洞。尽管爱因斯坦当时否定了黑洞的存在，但现在已经证明黑洞在宇宙中是实际存在的。

引力波正如其字面意思一样，是引力造成的时空扭曲呈波状扩散的现象。比如在橡胶垫的中央有两个非常重的球体在互相滚动追逐。在这种情况下，橡胶垫上就会出现波纹，这个波纹不断向外扩散的状态就是引力波。尽管这种时空扭曲因为非常微弱而难以观测，但在 2016 年美国的研究人员仍然成功地观测到了引力波，证明了广义相对论的正确性。

学生 黑洞是怎样形成的呢？

老师 一般来说，黑洞是星体寿命终结时因为无法承受自身的质量而缩小为极高密度的物质而形成的。

学生 黑洞的质量大约有多大呢？

老师 大约为太阳质量的 10~100 倍。也有超大质量的黑洞，其质量大约为太阳质量的 10 亿倍以上。

搭乘火箭加速运动的
哥哥比弟弟更年轻
~双生子佯谬~

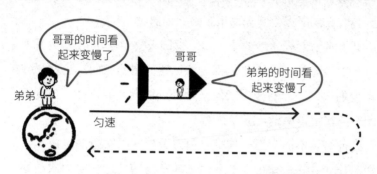

在匀速远离的时候，时间变慢是相互的

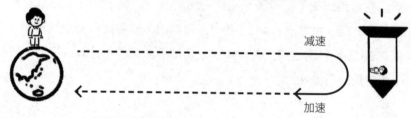

在折返的时候，只有哥哥经历了减速和加速的过程，所以哥哥的时间变慢了

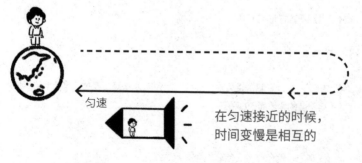

在匀速接近的时候，
时间变慢是相互的

最终的结果是弟弟的年纪比哥哥更大！

因为相对论很难被大众所接受，尤其是对时间和空间的解释脱离了当时的常识，所以当时有很多认为相对论中存在矛盾的声音。其中有一个现在已经被解决，非常有助于理解相对论的问题，那就是"双生子佯谬"。

有一对双胞胎兄弟，哥哥搭乘飞船以接近光速的速度飞往宇宙。对弟弟来说，以接近光速的速度运动的哥哥的时间变慢了，所以当哥哥回到地球时应该是弟弟的年纪更大。但对哥哥来说，是弟弟以接近光速的速度运动，所以弟弟的时间变慢了，当哥哥回到地球时应该是弟弟的年纪更小。这两种说法哪一个正确呢？

从结论来说，最终应该是弟弟的年纪更大。让我们用广义相对论来进行思考。在火箭加速的时候和旅行结束返程的时候，火箭都处于加速运动的状态。由于加速运动产生的惯性力与引力等效，所以哥哥与弟弟之间的距离越远，哥哥的时间与弟弟相比过得就越慢。这样一来，不管从谁的角度来说，都是哥哥的时间比弟弟的时间慢，也就是兄弟二人在地球上再次相遇时弟弟的年纪更大。

学生 ┤ 返程时的加速度使时间变慢，对吧？那要是火箭不以直线而是以圆形轨迹前进，再次相遇时兄弟二人的年纪是相同的吗？

老师 ┤ 不，这种情况下也是弟弟比哥哥年纪更大。圆周运动不是匀速直线运动，因此会受引力影响。引力导致的时间差是距离越远越明显，经过漫长的时间向地球方向折返的话，时间也会变慢。所以最终的结果就是两兄弟再次相遇时弟弟的年纪更大。

欢迎来到广义相对论的世界

SUMMARY OF PART 3

第三章的总结

广义相对论可以解释包含引力的加速参考系的现象。其中最重要的假设是引力与加速度产生的惯性等效的等效原理。广义相对论中需要注意的重点有以下3点。

第一个是引力使光线弯曲。在正文中介绍了太阳的引力使星光产生弯曲的例子。根据这一事实以及光永远以最短路径传播的性质，可以使我们理解另外两点。

第二个是引力扭曲时空。引力之所以使光线看起来弯曲，实际上是由光在被质量扭曲的时空中直线传播所导致的。关于引力的概念，可以通过质量导致时空扭曲，物质沿着扭曲相互吸引来进行解释。这种力量以光速传播。

第三个是在引力源附近的时间变慢。光线在引力源附近出现弯曲，而且光速恒定，这说明时间变慢。引力源的质量越大时间越慢，越靠近引力源时间越慢。

世人用了很长时间才普遍接受广义相对论。但广义相对论预测了许多牛顿力学无法解释的现象，比如太阳使光线弯曲等。广义相对论还预测了黑洞和引力波的存在，后来的观测结果也证明了预测的正确性。

惯性力 | 在加速参考系中出现的假想力。静止的汽车突然向前加速的时候，乘客会感到一股向后拉扯的力，这种力就是惯性力。

引力 | 物体的质量导致的时空扭曲具有吸引其他物体的作用。

无重力 | 没有重力的状态。因为远离引力源而处于失重的状态。处于自由落体运动参考系的物体和无重力状态相同。

自由落体 | 不受空气阻力和空气摩擦力的影响，仅凭重力使物体落下的现象。与在真空中的下落运动相同。

静止参考系 | 静止的参考系。这里所说的静止指的是相对于地球的静止。但因为地球在宇宙空间中是运动的，所以实际上并不是真正的静止。另外，牛顿力学的绝对空间是相对于宇宙空间的绝对静止参考系。

惯性参考系 | 匀速直线运动的参考系。以匀速运动的电车等为基准的参考系，包括静止参考系。

加速参考系 | 加速运动的参考系。以加速运动的电车等为基准的参考系。

第二次世界大战与和平运动

　　纳粹势力抬头之后，爱因斯坦离开德国前往美国。1933 年赴美的爱因斯坦在普林斯顿高等研究所担任教授职务。从那时起，爱因斯坦就热衷于将引力和电磁力结合到一起的统一场论。尽管他直到去世的前一天还在不停地进行计算，但关于统一场论却没有取得理想的成果。

　　在爱因斯坦前往美国之后不久就爆发了第二次世界大战。根据爱因斯坦发现的 $E=mc^2$ 公式，只需要少量的原子就能够产生出巨大的能量。所以他比任何人都清楚这可以应用在武器上。因为害怕纳粹先研发出原子弹，所以爱因斯坦接受了物理学家和生物学家莱奥·西拉德的建议，在给时任美国总统的富兰克林·罗斯福的一封信上签了名。正是因为这封信，美国启动了以研发原子弹为目的的曼哈顿计划。

　　爱因斯坦深知原子弹爆炸给人类带来的影响，因此，他积极地参与到和平运动之中。最著名的就是他与英国哲学家伯特·罗素共同提出的罗素—爱因斯坦宣言。这是呼吁废除核武器以及和平利用科学技术的宣言。1955 年 4 月 11 日，两人在宣言上签名。4 月 18 日，爱因斯坦因腹部主动脉瘤破裂与世长辞，享年 76 岁。在爱因斯坦去世的当晚，由于值夜班的护士不懂德语，所以他最后说了什么成了一个永远也无法得知的谜。后来当时世界上的 9 位著名科学家联合呼吁将罗素—爱因斯坦宣言作为他的遗言。

第4章

相对论
与我们的生活

GPS的精度提高多亏相对论

~ GPD 卫星的时间比地球上的时间更快~

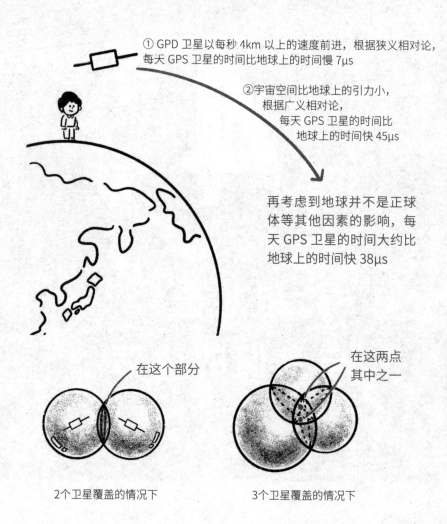

① GPD 卫星以每秒 4km 以上的速度前进，根据狭义相对论，每天 GPS 卫星的时间比地球上的时间慢 7μs

② 宇宙空间比地球上的引力小，根据广义相对论，每天 GPS 卫星的时间比地球上的时间快 45μs

再考虑到地球并不是正球体等其他因素的影响，每天 GPS 卫星的时间大约比地球上的时间快 38μs

在这个部分

2个卫星覆盖的情况下

在这两点其中之一

3个卫星覆盖的情况下

相

对论中关于时空扭曲的描述，是速度越接近光速扭曲越大。因此，在我们的日常生活中很难切实地感受到时空的扭曲。但相对论仍然为我们的生活提供了诸多便利，这是毫无疑问的。最有代表性的例子就是GPS（全球定位系统）。

在地球的周围有许多GPS卫星。这些卫星向地面的人发出信号，通过计算卫星发出信号到地面的人接收到信号的时间差，就能计算出地面的人与卫星之间的距离。因为人们知道卫星在宇宙空间中的位置，所以理论上来说，只要用3个卫星发出信号就能推算出地面上的人所在的位置。在实际应用中是使用4个以上的卫星，这样更能够保证位置的准确性。卫星以每秒4km的速度绕地球旋转，根据狭义相对论，卫星的时间比地面的时间要慢一些。另外，由于卫星所在的宇宙空间的引力比地面上更小，根据广义相对论，卫星的时间比地面上要快一些。综合考虑到这些因素的影响，GPS卫星的时间比地面上的时间每天要快38μs。

因为光1s大约前进30万km，38μs就会产生12km左右的偏差。但实际的GPS卫星根据相对论考虑到了这些时间的偏差并进行了调整，所以能够保证位置的准确性。

学生 根据与多个GPS卫星之间的距离，怎样能计算出地面上的位置呢？

老师 与一个卫星距离相同的地点分布于一个球面上。而与两个卫星距离都相同的地点，就在这两个球面的重合处。

学生 那为什么要用4个GPS卫星来确定位置呢？

老师 GPS卫星用原子钟计时，非常精准。而汽车导航使用的只是普通的电子钟，精准度比原子钟稍差一些。为了弥补精度上的差距，所以用4个GPS卫星来保证位置的准确性。

利用加速器创造出无限接近光速运动的粒子

~基于狭义相对论的高质量粒子~

圆形加速器的概念图

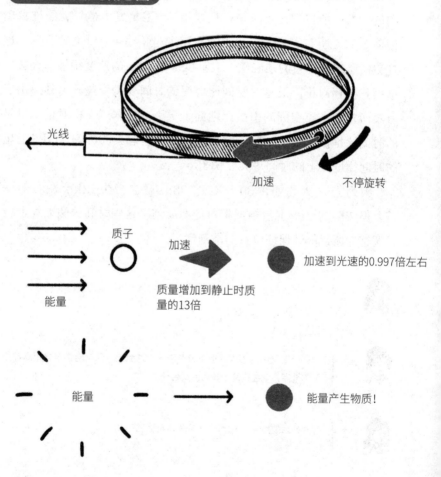

光线

加速

不停旋转

质子

加速

能量

质量增加到静止时质量的13倍

加速到光速的0.997倍左右

能量

能量产生物质！

在关于狭义相对论的章节中，我们了解到能量与质量的等价性，实际上人类也创造出了能够证明这一理论的实验装置。这个装置叫作加速器。加速器正如其字面意思一样，是能够对粒子进行加速的装置。最有代表性的加速器是圆形加速器，这是通过施加能量使电磁铁中的粒子高速旋转达到接近光速的一种加速器。

比如利用加速器可以使质子的速度达到光速的 0.997 倍左右。速度增加得越快，所需要施加的能量也就越大，而这些能量会转变为质子的质量。实验结果证明，加速后质子的质量会增加到静止状态时质量的 13 倍。这个数值与根据爱因斯坦推导出的公式 $E=mc^2$ 计算出来的数值完全一致。

除了验证实验结果之外，利用加速器加速粒子，使其与其他物质碰撞后产生新的物质，再将这些新物质用于医疗和化工等领域也是加速器研究的目的之一。

此外，根据公式 $E=mc^2$，在只有能量的状态下也能够产生出物质。这或许能够解开宇宙诞生之初的物质出现之谜，所以与之相关的研究结果也非常值得期待。

学生 | 除了圆形之外，还有其他的加速器吗？

老师 | 还有直线和螺旋形的加速器。而且加速器的大小也各不相同，甚至有周长达到 26.7km 的超大型加速器。据说还有国家计划建造超过 100km 的大型加速器。

学生 | 在只有能量的状态下产生物质是怎么一回事？

老师 | 前文中提到过质量与能量是等价的。核裂变反应就是质量变成能量的例子。如果逆向思考一下，能量也能够转变为质量。

抛物线飞行创造出
无重力空间
~ 没有引力的空间 ~

抛物线飞行

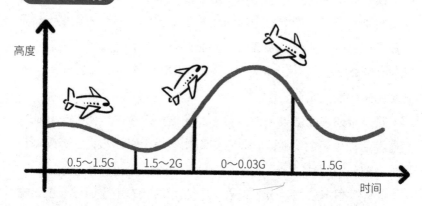

高度

0.5～1.5G　1.5～2G　0～0.03G　1.5G

时间

上升与自由落体

加速

惯性力

引力

因为方向相同，所以
感觉引力很明显

惯性力

引力

加速

因为相互抵消为零
‖
无重力

爱因斯坦在广义相对论中提出了等效原理的假设，实际上在现实中是可以通过抛物线飞行来实现的。根据等效原理，加速产生的惯性力与引力无法区分，可以将其看作是引力并与原本的引力相互抵消。利用这个原理，就可以在地球上人为地创造出无重力的状态。

首先搭乘喷气式飞机迅速地上升到7000～10 000m的高度，然后让飞机在地球引力的作用下做自由落体运动。在停止继续向上加速的时候，飞机就会在地球引力的作用下向下加速。而之前向上加速产生的惯性力与地球的引力相互抵消，在飞机中就会出现无重力的状态。坐在飞机里的乘客能够体验到30s至1min的无重力状态。飞机在整个过程中呈抛物线状飞行，因此得名抛物线飞行。通过调整飞行方式，还可以在飞机内创造出月球引力。

一般情况下，抛物线飞行在整个飞行过程中会重复10次左右的急速上升和急速下降。急速下降时飞机内会处于无重力状态，反之在急速上升时飞机内则会感觉到1.5～2G(1G为地球的引力)的强大引力。

老师　对于进行自由落体的飞机里的乘客来说，无法判断自己究竟是处于无重力状态还是自由落体状态。也就是说，两者都是同样的无重力状态。这也是广义相对论对惯性力和引力等效的解释。

学生　抛物线飞行的目的是什么呢？

老师　抛物线飞行主要用于对宇航员进行训练，以及在无重力状态下进行实验。

把握大约138亿年前 宇宙的诞生

~关于宇宙诞生的讨论~

爱因斯坦方程式

$$\underbrace{R_{\mu\nu} - \frac{1}{2} R g_{\mu\nu}}_{\text{时空的状态}} + \underbrace{\Lambda g_{\mu\nu}}_{\text{宇宙常数}} = \underbrace{\frac{8\pi G}{c^4} T_{\mu\nu}}_{\substack{\text{宇宙物质的} \\ \text{运动量与能量}}}$$

通过这个方程，就能根据现在的宇宙推导出过去的宇宙和未来的宇宙

如果没有宇宙常数……

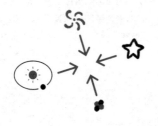

宇宙既不收缩也不膨胀

在引力的影响下宇宙会不断缩小

在牛顿提出绝对空间和绝对时间的概念之前，空间与时间就已经存在了。因此，宇宙的存在是物理学的前提条件，而关于宇宙起源的讨论被认为是哲学的范畴。但相对论刷新了时间与空间的概念，这使得人们又重新开始思考宇宙究竟是在何时、何地、怎样诞生的。与之相关的讨论被称为宇宙论。

在广义相对论之中，用来表示时间与能量之间关系的方程被称为爱因斯坦方程。这个公式将一直以来被认为只是单纯的"容器"的时间和空间，与物质和能量联系到了一起。将这个公式代入到整个宇宙之中，就能够了解到宇宙起源时的时空状态与物质和能量之间的关系。爱因斯坦以宇宙均一且同向和宇宙既不收缩也不膨胀这两个假设为前提条件进行计算。但因为广义相对论之中的引力只有相互吸引的力，所以在这种情况下宇宙只会不断缩小，这就与宇宙不收缩的假设相矛盾。于是爱因斯坦在方程式中加入了一个宇宙空间相互排斥的力来维持平衡。他将这个常数称为宇宙常数。

学生 宇宙均一且同向是什么意思？

老师 宇宙均一指的是不管在宇宙空间的任何地方都不存在特殊的场所。也就是说从大尺度来看，宇宙的密度和温度等是整体相同的。宇宙同向指的是在宇宙之中没有特殊的方向。也就是说，在宇宙空间没有上下左右、东南西北之类的方向。

学生 宇宙的任何地方都一样，也就是说没有中心也没有边缘吗？

老师 正是如此！

宇宙起源于虚无，星体诞生于大爆炸

~ 大爆炸与宇宙诞生 ~

大爆炸宇宙论

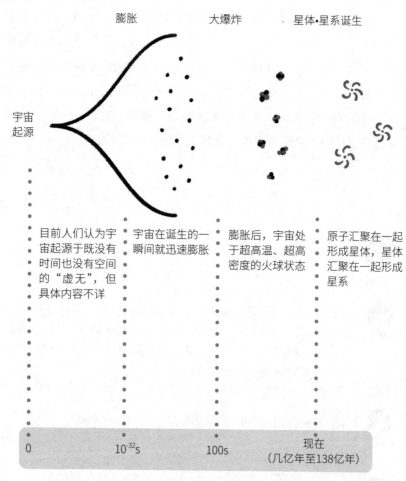

膨胀　　　　　　大爆炸　　　　　星体·星系诞生

宇宙起源

目前人们认为宇宙起源于既没有时间也没有空间的"虚无"，但具体内容不详

宇宙在诞生的一瞬间就迅速膨胀

膨胀后，宇宙处于超高温、超高密度的火球状态

原子汇聚在一起形成星体，星体汇聚在一起形成星系

0　　　　　　10^{-32}s　　　　100s　　　　现在
　　　　　　　　　　　　　　　　　　　　（几亿年至138亿年）

宇宙诞生的时间推算

爱 因斯坦以宇宙既不收缩也不膨胀的假设为前提对方程式进行计算。但弗里德曼与勒梅特根据爱因斯坦方程式计算得出宇宙应该是不断膨胀的结果。虽然爱因斯坦最初并不承认这个结果，但后来哈勃天文望远镜的观测结果证明了宇宙膨胀的正确性，于是爱因斯坦只能收回自己关于宇宙常数的论述。

从宇宙不断膨胀的事实逆推，可以得出宇宙最初只是一个小点的结论。这种关于宇宙起源的理论被称为大爆炸宇宙论。根据大爆炸宇宙论，宇宙在诞生之初是一个温度极高、密度极大的火球。宇宙从火球的状态不断扩散，并产生出组成宇宙万物的原子，然后原子形成星体和星系。

最近，物理学界又开始针对宇宙大爆炸之前的状态展开了讨论。学界普遍认为，宇宙最初是一片虚无，然后开始迅速地膨胀，继而引发大爆炸的状态。但宇宙诞生之前的状态，至今仍然没有确定的解释。

 老师 宇宙常数原本是为了保证宇宙不会因引力收缩而导入的促使宇宙膨胀的作用力。爱因斯坦认为这是自己一生中最大的败笔。但现在的观测结果证明了宇宙在加速膨胀，说明宇宙之中确实存在使宇宙膨胀的作用力，这很有可能就是爱因斯坦所说的宇宙常数。

 学生 宇宙膨胀是怎么发现的呢？

 老师 利用太空望远镜对宇宙进行观测时，发现遥远的星系在以很快的速度远离。这说明宇宙确实是在膨胀的。

前往未来很简单?
利用黑洞进行时间旅行
~ 相对论与时间旅行① ~

时间旅行的方法之未来篇

①准备一个火箭

②前往黑洞附近,在黑洞周围绕圈

③10min后回到地球

对火箭中的人来说,
来到了 10 年后的未来

根据广义相对论，距离强引力源越近时间过得越慢。利用这种现象就可以前往未来进行时间旅行。

宇宙中有许多拥有强大引力的天体，如前文中也提到过的黑洞。越接近黑洞，时间过得越慢，据说黑洞表面的时间近乎完全静止。黑洞的表面是连光都会被吸收进内部的边界。因此，黑洞是名副其实的"黑暗洞穴"。

时间旅行的方法非常简单，只需要搭乘火箭等工具抵达黑洞附近，然后在不被黑洞吸收的前提下在黑洞周围绕圈。因为越接近黑洞时间流逝得越慢，所以比如对火箭里的人来说过了10年，对地球上的人来说就相当于过了20年。当火箭返回地球时，相当于来到了10年后的未来。

但因为在地球附近并没有能轻易抵达的黑洞，而且在黑洞周围有不可避免被吸收进去的危险，所以这种方法目前来说并不现实。不过未来如果火箭技术取得飞跃性的进步，理论上还是有实现的可能的。

 学生 距离地球最近的黑洞在什么地方？

 老师 截止到2020年，人类发现的距离地球最近的黑洞在大约1000光年之外。考虑到银河系的直径为10万光年，这个黑洞距离我们可以说相当近。

 学生 使用这个方法虽然能够前往未来，但并不能回到过去吧？这样感觉也不是时间旅行啊。

 老师 是的。前往未来的方法很简单，因为只需要让时间流逝变慢就可以了。但回到过去则需要回溯时间，所以要回到过去非常困难。

利用空间弯曲的虫洞
实现瞬间移动
~相对论与时间旅行② ~

瞬间移动的概念图

火箭与星体的最短距离是多少?

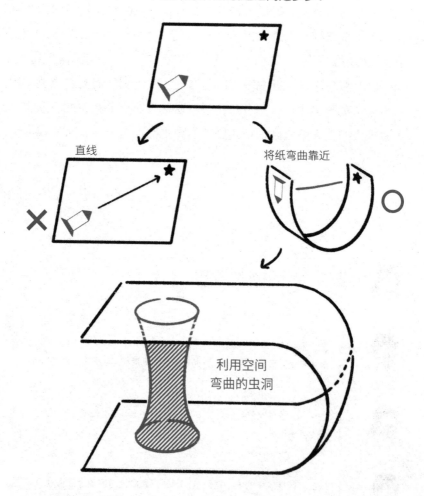

直线

将纸弯曲靠近

利用空间
弯曲的虫洞

现在我们知道可以通过时间旅行前往未来。那么，是否能够回到过去呢？现在的物理学界认为，理论上或许存在可能。

1988年，美国物理学家基普·索恩在发表的论文中提到，"利用虫洞，在理论上或许可以回到过去"。首先，让我们来了解一下什么是虫洞。

为了便于大家理解，让我们将三维的宇宙空间简化为二维的纸。在一张纸的左侧画一个火箭，右侧画一个目的地星体。火箭要想抵达星体，最快的办法是什么呢？如果从常识的角度来进行思考，两点之间肯定是直线最近，也就是火箭与星体之间的直线。

但实际上还有一个更快的方法，那就是将纸张弯曲使左侧和右侧靠近。这样一来火箭和星体之间的距离几乎为零。像这样利用空间的弯曲使距离遥远的两点之间联系到一起的洞被称为虫洞。通过虫洞就能实现瞬间移动。而空间的弯曲在前文中介绍广义相对论的时候我们已经了解过了。

老师 很多科幻作品中都会出现从一个地点瞬间抵达另一个地点的场面。其中最有代表性的方法就是虫洞。利用时空的弯曲来完成瞬间抵达目标地点。

学生 真的可以使用虫洞进行瞬间移动吗？

老师 现在的物理学认为，虫洞在完成的一瞬间就会崩溃。而且就算完成了，可能直径也只有原子那么大，根本无法使物体通过。如果真的想要利用虫洞进行瞬间移动，恐怕还要耗费大量的时间来进行研究。

利用虫洞创造
时间差回到过去
~相对论与时间旅行③~

时间旅行的方法之过去篇

①准备一个虫洞

②将虫洞一侧的出口靠近黑洞创造出时间差

时间变慢

地球

黑洞

③将虫洞拿到地球附近，穿过虫洞就能回到过去

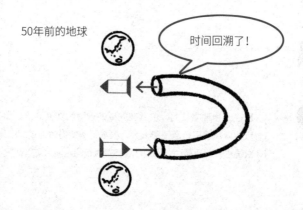

50年前的地球

时间回溯了！

虫洞这个概念，是爱因斯坦和他的研究伙伴纳森·罗森（1909—1995）共同提出来的。因此虫洞最初以这两个人的名字命名为"爱因斯坦-罗森桥"。虽然虫洞与广义相对论之间并没有矛盾，但人类尚未找到能够证明虫洞在宇宙中真实存在的证据。

假设虫洞真实存在，那么通过时间旅行回到过去或许也能成为现实。方法也非常简单，首先要准备一个虫洞，将虫洞的一侧出口靠近黑洞，使虫洞两侧出入口出现时间差，然后再将虫洞另一侧靠近地球。这样由于靠近黑洞一侧的出入口时间变慢，就会出现地球一侧的出入口为2100年，而靠近黑洞一侧的出入口为2050年的状况。这时从黑洞一侧的出入口进入，再从地球一侧的出入口出来，就能够使时间穿梭到2050年。

当然上述情况凭借现在的技术力量是完全无法实现的。比如虫洞可能只存在于微观世界之中，而且只能存在一瞬间。并且回到过去之后可能会对现在的时间线造成影响。总之不管怎样，要想实现回到过去的时间旅行还有很长的路要走。

学生 根据相对论，时间旅行在理论上是可行的，对吗？

老师 更准确地说，现在我们只知道"相对论对时间旅行并没有禁止"。时间旅行除了技术上的难点之外，还有许多有待解决的问题。

学生 比如有什么问题呢？

老师 最有代表性的问题就是先祖悖论。比如回到自己出生之前杀死自己的父亲，那么自己就不会出生。但实际上自己不但出生了而且还杀死了自己的父亲。这样的矛盾应该如何解释呢？现在的学界仍然是众说纷纭。

119

完成相对论后
爱因斯坦的下一个梦想
~ 将这个世界上的所有作用力统一起来 ~

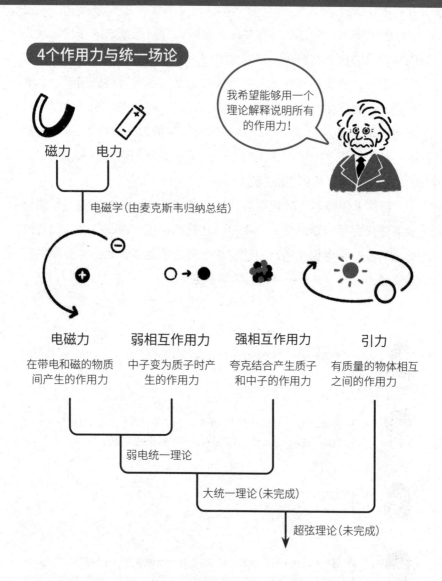

4个作用力与统一场论

我希望能够用一个理论解释说明所有的作用力!

磁力　电力

电磁学(由麦克斯韦归纳总结)

电磁力
在带电和磁的物质间产生的作用力

弱相互作用力
中子变为质子时产生的作用力

强相互作用力
夸克结合产生质子和中子的作用力

引力
有质量的物体相互之间的作用力

弱电统一理论

大统一理论(未完成)

超弦理论(未完成)

提出相对论之后，爱因斯坦挑战的下一个课题是能够对电磁力与引力统一进行解释的理论。引力原本是牛顿力学提出的作用力，爱因斯坦在广义相对论中对引力的概念进行了刷新。另外，电磁力是电与磁产生的作用力，最早由麦克斯韦整合到一起。将这些作用力统一到一起进行解释与说明的理论被称为统一场论，爱因斯坦直到临死之前还在为构筑统一场论而努力，但最终并没能完成。

现在科学家们认为，物理学领域存在电磁力、弱相互作用力、强相互作用力、引力这4个基本的作用力。也就是说，自然界中存在的所有作用力，都可以归纳到这4个种类之中。弱相互作用力指的是引发原子崩溃的作用力，强相互作用力则是使质子与中子在原子核中结合的作用力。

在这些作用力中，电磁力与弱相互作用力被统一为弱电统一理论。还有人试图将电磁力、弱相互作用力、强相互作用力统一为大统一理论。除此之外，还有将包括重力在内的四大基本作用力全部统一在一起的超弦理论，物理学界针对这些理论展开了非常激烈的讨论。

老师 直到现在，物理学界也没能将引力与电磁力统一起来，由此可见爱因斯坦当时的挑战有多么困难。

学生 为什么要将这4个作用力统一起来呢？

老师 物理学最终的目标之一，就是尽可能找出最简单且普遍的法则。如果能够用一个理论解释4种基本作用力，人类对世界的理解将会更加深入。现在仍然有许多物理学家为了这个目标而努力进行着研究。

SUMMARY OF PART 4

第四章的总结

　　爱因斯坦确立的相对论，是围绕时间与空间的非常难以理解的理论。因此，据说在相对论发表之初全世界只有 3 个人能够理解。但科技发展至今，可以说我们现在的生活已经离不开相对论。

　　比如 GPS 之所以能够准确地表示位置，就是因为相对论。此外，根据能量与质量的等效性理论，人类利用加速器使粒子加速并碰撞其他物质，从而对产生出来的新物质进行研究。揭示宇宙起源之谜的宇宙论也离不开相对论。现在学界普遍认为，宇宙起始于虚无，然后通过急速的膨胀而成为超高温、超高密度的火球。但关于宇宙的诞生和发展仍然有许多未解之谜，解开这些谜团也是现代物理学的终极目标之一。

　　自相对论诞生至今已经过了 100 多年。2016 年人类观测到了相对论曾经预言的引力波，使得相对论的光辉更加耀眼。今后，在将物理学所有作用力统一起来的统一场论的研究，以及时间旅行的研究等诸多领域，相对论必将继续大放异彩。

卫星 | 围绕行星周围旋转的天体。天体是宇宙空间中物体的总称，也包括人造卫星。月球是地球的卫星。

微秒 | 微（μ）指的是 10^{-6}（100万分之一）。也就是说，1μs等于0.000 001s。

宇宙常数 | 基于广义相对论的爱因斯坦方程中出现的常数。

哈勃 | 美国天文学家。近代最著名的天文学家之一，建立了宇宙论的基础。1990年，美国发射了以哈勃命名的太空望远镜。

膨胀 | 宇宙急速膨胀的进化模型。膨胀的规模相当于从一粒沙子瞬间变成一个星系。

时间旅行 | 从正常的时间流中独立出来，移动到过去或未来。在科幻作品中经常出现，但目前尚未实现。

虫洞 | 连接遥远的时空，如同隧道状的时空结构。理论上能够在两点之间比光速更快，但虫洞的存在尚未得到确认。

强相互作用力 | 使质子与中子在原子核中结合的作用力。因为比电磁力更强，所以被称为强相互作用力。

弱相互作用力 | 引发原子崩溃的作用力，因为比电磁力更弱，所以被称为弱相互作用力。

主 要 登 场 人 物

爱因斯坦
(1879—1955)
出生于德国的物理学家。提出了包括相对论在内的诸多颠覆物理学认知的理论。被称为"20世纪最伟大的物理学家"。

牛顿
(1642—1727)
英国物理学家、数学家。确立了被称为物理学基础的牛顿力学。同时还提出了微积分法。在神学与自然哲学领域也多有建树。

麦克斯韦
(1831—1879)
英国物理学家。推导出了麦克斯韦方程，将一直以来被认为是相互独立的电与磁结合到了一起，确立了电磁学。

伽利略
(1564—1642)
意大利物理学家。因为对近代科学的发展做出了诸多贡献，被称为"近代科学之父"。由于支持地球绕着太阳转的日心说而遭到教会的迫害。

迈克尔逊
(1852—1931)
美国物理学家。因为与光速和以太相关的实验而闻名于世。1907年凭借与光学相关的研究成果获得诺贝尔物理学奖。

莫雷
(1838—1923)
美国物理学家。与迈克尔逊一起进行了著名的迈克尔逊-莫雷实验。

爱丁顿
(1882—1944)
英国天文学家。1919年对日全食进行观测，证明了广义相对论的正确性。在天体物理学的诸多领域都做出了重要的贡献，是20世纪前期最有代表性的天文学家。

索恩
(1940—)
美国理论物理学家。因在LIGO探测器和引力波观测方面的决定性贡献，于2017年荣获诺贝尔物理学奖。

罗森
(1909—1995)
以色列物理学家。作为广义相对论中爱因斯坦-罗森桥的共同发现者而闻名于世。

温伯格
(1933—2021)
美国理论物理学家。提出了将电磁力与弱相互作用力相结合的弱电统一理论，1979年与萨拉姆等人一同荣获了诺贝尔物理学奖。

索引

参考文献

1. NEWTON ムック『ゼロからわかる相対性理論』ニュートンプレス（2019）
2. 大宮信光著『面白いほどよくわかる相対性理論』日本文芸社（2001）
3. 中野董夫著『相対性理論』岩波書店（1984）
4. 山田克哉著『からくり：エネルギーと質量はなぜ「等しい」のか』講談社 (2018)
5. 佐藤勝彦『[図解] 相対性理論がみるみるわかる本 (愛蔵版)』PHP 研究所（2005）
6. アインシュタイン著　内山龍雄翻訳『相対性理論』岩波文庫（1988）

Original Japanese title: ZUKAI NIGATE WO "OMOSHIROI" NI KAERU!
OTONANI NATTEKARA MOICHIDO UKETAI JUGYOU SOTAISEIRIRON
Copyright © 2021 Asahi Shimbun Publications Inc.
Original Japanese edition published by Asahi Shimbun Publications Inc.
Simplified Chinese translation rights arranged with Asahi Shimbun Publications Inc.
through The English Agency (Japan) Ltd. and Shanghai To-Asia Culture Co., Ltd.

©2023，辽宁科学技术出版社。

著作权合同登记号：第 06-2022-76 号。

图书在版编目（CIP）数据

图解相对论 /（日）深泽伊吹著;（日）松原隆彦监修; 朱悦玮译.
— 沈阳：辽宁科学技术出版社，2023.2
ISBN 978-7-5591-2834-8

Ⅰ.①图… Ⅱ.①深… ②松… ③朱… Ⅲ.①相对论—
图解 Ⅳ.① O412.1-64

中国版本图书馆 CIP 数据核字（2022）第 230459 号

出版发行：辽宁科学技术出版社
　　　　　（地址：沈阳市和平区十一纬路25号　邮编：110003）
印　刷　者：辽宁新华印务有限公司
经　销　者：各地新华书店
幅面尺寸：145mm×210mm
印　　张：4
插　　页：4
字　　数：100千字
出版时间：2023年2月第1版
印刷时间：2023年2月第1次印刷
责任编辑：康　倩
版式设计：袁　舒
封面设计：袁　舒
责任校对：闻　洋

书　　号：ISBN 978-7-5591-2834-8
定　　价：39.00元

联系电话：024-23284367
邮购热线：024-23284502